군대생활
사용설명서

KODEF
안보총서
73

군 입대 문제로 고민하는
이 시대의 젊은이들을 위한
리얼 100% 군대생활 A to Z

군대생활
사용설명서

권
해
영

지
음

플래닛미디어
Planet Media

프롤로그

아들 녀석은 이제 11살이다. 아직 군대에 대해서 관심을 가질 나이는 아니다. 그런데 하루는 뜬금없이 우리나라 남자들은 다 군대 가야 되느냐고 묻는다. 엄마가 즐겨 보는 TV 프로인 〈진짜 사나이〉에서 위험한 훈련을 하는 장면을 보고는 나름 걱정이 앞섰던 것 같다. 누나 둘과 여동생 사이에 낀 독자다 보니 곱게 자라기도 했거니와 겁이 좀 많은 편이다. 벌써부터 걱정하는 걸 보고 있노라니 안쓰럽기도 하다.

얼마 전까지 현역 장교로 생활하며 병사들을 지휘했던 터라 군대생활에 대해서 누구보다도 잘 알고 있는 사람이 바로 나다. 그럼에도 10년 후에 아들의 현실이 될 군대생활을 생각하자니 내 마음도 썩 편치만은 않은 것이 솔직한 심정이다. 겉으로야 "남자라면 당연히 군대에 가야지"라며 호탕하게 큰소리 칠 일이다. 그러나 4성 장군을 지낸 사람들조차도 자식을 군에 보내며 마음 편할 사람은 한 명도 없을 것이다.

군대생활을 바라보는 시선은 두 가지다. 하나는 군대생활을 경험한 사람의 시선이고, 다른 하나는 군대생활을 경험하지 않은 사람의 시선이다. 군대생활을 해본 사람들의 시선은 대체로 구체적이다. 직접 경험해봤기 때문에 무엇이 어렵고 힘든지를 잘 안다. 물론 어떻게 해야 비교적 수월하게 군대생활을 할 수 있는지도 잘 안다. 반대로 군대생활을 하지 않은 사람들의 시선은 막연한 두려움으로 가득하다. 아무리 군대 다녀온 사람들의 이야기를 듣거나 노하우를 전수받아도 마냥 두렵기만 하다. 경험해보지 못했기 때문에 상상에 의존할 수밖에 없으니 두려움은 점점 더 증폭될 수밖에 없다.

내가 이 글을 쓰기로 작정한 이유가 바로 여기에 있다. 대한민국에서 군대생활은 큰 쟁점 중 하나다. 최근에는 군복무 가산점과 관련한 사회적 논란이 뜨겁다. 이런 거창한 차원을 떠나서 소중한 인생 2년을 국가에 바쳐야 하는 한 개인의 입장에서는 절박한 문제일 수밖에 없다. 그런데도 우리 젊은이들이 군대생활에 대해 참고할 만한 참고서가 없다. 대부분 먼저 경험한 사람들의 구전口傳, 즉 이야기나 무용담에 의존하는 비중이 높다. 그러다 보니 사실보다 과장되고, 누락되고, 부정적으로 왜곡되어 받아들여진다.

이런 상황에서 군 입대를 앞둔 젊은이들이 도살장에 끌려가는 소마냥 잔뜩 겁을 집어먹는 것도 무리가 아니다. 또 어떤 젊은이들은 완전히 대머리로 삭발하고는 남자다움을 과시하며 호기를 부리기도 한다.

군 입대를 앞둔 젊은이들은 막연한 두려움으로 가득하다.
아무리 군대 다녀온 사람들의 이야기를 듣거나 노하우를
전수받아도 마냥 두렵기만 하다.
그런데 정작 우리 젊은이들이 군대생활에 대해
참고할 만한 참고서가 없다.
이것이 내가 이 글을 쓰기로 작정한 이유다.
지금 이 순간에도 군 입대 문제로 고민하고 있을
이 시대의 젊은이들에게 이 책이 다소나마 위안과
길잡이가 될 수 있기를 간절히 바란다.

이들을 바라보는 부모들은 군에 가서 잘못되는 건 아닌지 마냥 걱정스럽기만 하다. 국가고 나라고 간에 아들만 무사히 돌아오면 장땡인 게 부모의 심정이다. 이 모두가 제대로 모르기 때문에 발생한 해프닝이다. 군사정권 시절에 군대생활을 했던 부모님 세대의 부정적 편견, 갓 전역한 선배들의 과장된 무용담과 전설 같은 얘기들, 거기에다 당사자의 절박한 심정 등이 한데 어우러져 웃지 못할 해프닝이 연출되는 것이다.

군대생활! 제대로 알고 받아들이면 전혀 두려울 것 없다. 걱정할 일이 아니다. 그렇다고 호기를 부릴 일도 아니며, 울고 불며 전송할 일도 아니다. 우리 사회에 팽배해 있는 군대생활에 대한 두 마리 견犬, 즉 부정적이고 왜곡된 편견偏見과 선입견先入見을 죽이고 건전하고 바른 인식이 확산될 수만 있다면 서로 웃으면서 갈 수 있고 보내줄 수 있게 될 것이다. 이것이 내가 이 책을 쓴 이유다. 지금 이 순간에도 군 입대 문제로 고민하고 있을 이 시대의 젊은이들을 위해서. 아울러 언젠가 군에 입대할 내 아들이 당당하게 입대하고, 나 또한 마음 편히 웃으면서 보내줄 수 있도록 하기 위해서.

호랑이를 잡으려면 호랑이 굴로 들어가야 한다. 어차피 피할 수 없는 군대생활이라면 A부터 Z까지 대략이라도 알고 가는 것이 모르고 가는 것보다 100배는 낫다. 이렇게 한다면 여러분은 2년이라는 소중한 시간을 온전히 여러분의 것으로 만들 수 있게 된다. 반대로 그렇지 못할 때 여러분은 말 그대로 여러분의 소중한 인생 2년을 반납하게 된다.

부디 이 책이 여러분의 걱정과 두려움을 해소하고, 다소나마 위안과 길잡이가 될 수 있기를 간절히 바란다. 이 책을 통해 두려움의 실체와 먼저 대면해보고, 그것이 별것 아님을 알게 되기 바란다. 아울러 군대 생활의 각 단계마다 숨어 있는 보물을 찾아 온전히 여러분의 것으로 만들 수 있기를 바란다. 국가에 바친 2년을 말 그대로 인생의 황금기로 만들어 성공하는 삶을 위한 디딤돌로 삼을 수 있기를 간절히 희망한다.

차례

PART 3. 반납한 청춘 100배로 돌려받기

PART 4. 인생종합대학 군대

PART 1

국방색 청춘을 위한
여행안내서

군대가 지옥보다
가기 싫은 이유

"어색해진 짧은 머리를 보여주긴 싫었어"라는 가사로 시작하는 김민우의 〈입영열차 안에서〉라는 노래가 한때 유행했다. 지금도 군 입대를 앞둔 젊은이들은 이 노래를 부르며 복잡한 심경을 달랠 것이다. 김광석이 부른 〈이등병의 편지〉라는 노래도 꽤 오랜 시간이 지났지만 여전히 인기가 있다. 두 곡 모두 절절한 노래가사와 선율에 대한민국 남자라면 모두 공감하기 때문일 것이다. 그런데 가사를 보면 마치 아우슈비츠 포로수용소로 끌려가는 사람의 마지막 절규 같은 느낌이 든다. 군대와 관련하여 좋은 노래는 찾아볼 수 없는 게 현실이다.

　음악 분야만 그런 것도 아니다. 영상 분야도 별반 다르지 않다. 군사정권 시절에 나온 영화나 드라마들이야 당연히 군인정신과 전우애를 그린 작품들 일색일 수밖에 없다. 하지만 그 이후에 흥행했던 〈실미도〉나 〈화려한 휴가〉 등과 같은 작품은 대체로 군을 부정적으로 묘

사한다. 그 외 영화들도 대체로 군을 부정적으로 그리거나 희화화하는 수준이다. 영화의 주 타깃 층이 20대임을 감안하면 군복무를 앞둔 젊은이들에게 좋은 영향을 끼칠 리 만무하다.

음악이든 영화든 그 자체가 잘못됐다고 말할 수 없다. 이들은 사회상의 반영이기 때문이다. 군에 대한 국민의 인식과 정서가 음악과 영화에 반영된 것에 불과하기 때문이다. 한 마디로 전반적인 국민 정서가 군에 대해 부정적이라는 말이다. 이렇게까지 된 것은 군사정권 시절의 폐단과 각종 부정부패, 비리 등이 큰 영향을 끼쳤음은 부인할 수 없다. 게다가 수많은 의문사에 대한 뉴스들은 물론 자살, 총기난사, 탈영, 성범죄 등 군 관련 뉴스들이 잊을 만하면 헤드라인을 장식한다. 이런 탓에 실제 군에서 대국민 이미지 향상을 위해 많은 노력을 기울이고 있지만, 이미 철옹성처럼 굳어진 부정적인 이미지를 바꾸기에는 역부족이다.

이런 토양과 풍토에서 자라난 젊은이들이다. 그들이 군과 군복무에 대해 부정적으로 생각하는 것도 무리는 아니다. 문제는 이뿐만이 아니다. 군의 폐쇄성에서 비롯된 소통의 부재가 사태를 더욱 악화시켰다. 다시 말해 군에 입대해야 하는 젊은이들이 참고할 만한 정보가 너무 없다는 사실이다. 대부분이 입에서 입으로 전해지는 무용담이나 과장되고 왜곡된 가십들뿐이다. 모르면 모를수록 두려움은 증폭되는 법이다. 자라온 토양 자체가 오염된 상황에서 아까운 청춘을 바쳐야 하는 곳이 어떤 곳인지를 모르거나 그릇되게 알고 있다는 사실은 결코 만만히 볼 문제가 아니다. 이런 까닭에 군대가 지옥보다 가기 싫은 곳이 되었다 해도 지나치지 않다.

이런 측면에서 군에 대한 부정적 편견과 두려움을 초래하는 미지의 영역이 무엇인지를 살펴보는 일은 무엇보다 중요하다. 이를 통해 과장과 왜곡에 의한 편견과 선입견을 해소하고, 막연한 두려움과 공포감을 덜어줄 수 있기 때문이다.

모르는 게 병

〈라이언 일병 구하기〉나 〈블랙호크 다운〉, 〈밴드 오브 브라더스〉 등과 같은 미국 영화를 보자. 실제 전투 장면과 거의 흡사하게 촬영함으로써 전쟁의 참상을 실감나게 그렸다. 독일군의 기관총 세례에 아군 병사들의 몸이 두 동강 나서 내장이 흘러내리고 팔다리가 잘려 여기저기 뒹굴며 피와 살점들이 사방팔방으로 튄다. 군복무에 대한 정확한 정보가 없는 상태에서 이런 영상에 노출되면 군복무도 이와 비슷할 것이라 추정하고 지레 겁을 먹게 된다.

뉴스나 방송에 나오는 영상들도 별반 다르지 않다. 군에 입대하면 매일 위험하고 혹독한 훈련만 하고 생활하는 것으로 착각한다. 하지만 이런 영상들은 군을 홍보하기 위해서 주요 활약상만을 편집해서 멋있고 보기 좋게 방영하는 것에 불과하다. 이런 영상들은 군복무의 극히 일부에 지나지 않는다. 그럼에도 불구하고 군복무를 경험하지 못한 이들에겐 거의 전부나 다름없이 받아들여진다.

기타 최근 종편방송에서 방영하는 〈푸른거탑〉의 경우 개연성은 있으나 지나치게 과장됐다. 군복무를 마친 이들에겐 공감이 가는 내용일 수 있으나, 입대를 앞둔 이들에겐 불필요한 두려움과 부정적인 선입견을 심어줄 가능성이 크다. MBC에서 방영하는 〈진짜 사나이〉는 그나마 국민들에게 군의 긍정적 이미지를 심어줄 수 있는 좋은 프로라고 생각된다. 하지만 방송에 등장하는 부대 환경이나 각종 훈련 내용은 홍보 차원에서 선별해서 촬영한 것인데, 그것을 전부로 여기고 막연히 좋게 볼 수도 있겠다는 생각도 든다.

이와 같이 군에 대한 정보의 부족은 제한된 영상만으로 군복무를 판단하게 만드는 우를 범하는 결과를 초래한다. 실제 군복무는 미국 영화처럼 위험하지도 않고 생사가 위협받는 전투에 투입될 일 또한 전혀 없다. 뉴스나 TV에 나오는 것처럼 매일 훈련만 하고 지내는 것이 아니라 표준일과표에 따라 교육과 휴식, 정비, 자기계발 등의 활동이 매일 규칙적으로 진행된다. 〈진짜 사나이〉처럼 멋있지만 딱딱하고 경직된 생활만 하는 것도 아니다. 훈련할 때와 쉴 때를 구분하여 때로는 엄격하게, 또 때로는 가족 같은 분위기 속에서 생활하게 된다.

장담하건대 전혀 겁먹을 일 없다. 그동안 여러분이 듣고 알게 된 것들은 거의 다 부풀려지거나 왜곡된 것들이다. 전역자들의 무용담에서처럼 간첩 잡을 일도 없고, 비오는 날 축구만 하지도 않는다. 총 잃어버렸다고 집에서 송금할 일도 없고, 탱크 망가졌다고 부품 사서 택배로 보내달라고 할 일도 없다. 그릇된 선입견으로 막연히 두려움을 키우기보다는 허구와 과장 속에 담긴 1%의 사실을 냉철하게 식별해내는 노력이 필요하다.

밀리터리 웨이
'까라면 까'

여러분은 군인정신을 뭐라고 생각하는가? 불가능도 가능하게 만드는 정신? 무에서 유를 창조하는 정신? 물러서지 않는 용기? 어떤 위험도 감수하는 책임감? 나라를 위해서 목숨을 바치는 숭고한 애국심? 대학원 시절의 일화다. 나의 대학원 은사 중 한 분이 수업시간에 군인정신을 정의해보라고 말씀하셨다. 다들 침묵에 잠겼다. 몇몇 학생들이 손을 들고 용감하게 대답했지만, 정답에 길들여진 사람들에게 나올 수 있는 대답은 뻔했다. 학생들이 모두 군인이어서 그게 뭔지는 알고 있었지만 막상 말로 표현하자니 다들 곤혹스러워했다. 대부분 앞에서 말한 정도에서 크게 벗어나지 않았다. 평소 모든 것을 진지하게 생각하는 데 길들여진 필자 또한 마찬가지였다.

그런데 그 은사님의 말씀이 걸작이다.

"군인정신이란 제정신이 아닌 정신이다!"

이 말을 듣는 순간 다들 충격에 빠졌다. 단 한 번도 그렇게 삐딱하게 생각해본 적이 없었기 때문이다. 그 은사님 또한 군 교수였기에 그분의 입에서 이런 말이 나올 거라고는 다들 예상치 못했다. 그 충격이 너무 크고 또한 신선했기에 아직까지 잊지도 않고 생생하게 기억하는 게 아닐까 싶은데, 어쨌거나 그 순간 시간이 멈춘 듯했다. 비록 잠깐이었지만 강의실에 정적과 미묘한 긴장감이 감돌았다.

'아니, 어떻게 우리가 신성시 여기는 군인정신을 교수이자 선배라는 사람이 저렇게 모독할 수가 있지? 힘들게 생활하면서도 군인정신 하나로 참고 견뎌왔는데 그토록 신성한 군인정신을 제정신이 아닌 정신이라고 말하다니 도대체 정신이 있는 거야 없는 거야? 아무리 교수라도 너무 심한 거 아냐?'라는 생각들이 그 짧은 순간 모든 학생들의 뇌리를 스쳐갔다.

하지만 그것도 잠시, 교수님의 설명이 이어졌다.

"불가능을 가능하게 한다는 게 상식적으로 말이 되나요? 군인이면 불합리한 명령이라도 따라야 하는 게 옳은가요? 우리는 군인정신이라는 말 하나로 너무나 많은 것을 정당화시켜왔고 또 당연하다는 듯이 살아왔습니다. 안 그래요?"

그런 후 그분은 우리의 고정관념을 깰 것과 사고를 혁신해줄 것을 주문했다. 그렇지 않으면 군대에는 변화와 발전이 없다면서!

그 이후로 그동안 장교로서 살아온 삶을 되짚어봤다. 사관학교에서부터 군인정신을 주입받았고 나 또한 후배들에게 주입시켰다. 상급자가 시키는 일에는 일체 토를 달지 말 것과 절대 복종을 요구받고 요구했다. 아무리 말이 안 되는 지시라도 군대이기에 말이 된다고 생각했다. 생도 시절의 말도 안 되는 얼차려와 가혹행위들을 견뎌내며 그것을 군인의 미덕이자 소양이라고 생각했다. 어쩌면 나도 제정신이 아닌 정신을 가진 사람인지도 모른다는 생각이 들었다. 나 또한 내가 느꼈던 고통과 아픔을 다른 이들에게 그대로 대물림하는 몰인정한 인간이 되어가는 것은 아닌지 두려웠다. 그 순간은 분명 나를 바꾸는 계기가 된 소중한 순간으로 기억된다.

문화란 동시대 사람들이 다 함께 인식하고 동의하는 공유가치다. 집단정신의 산물이다. 이는 우리가 숨 쉬고 살아가는 데 필요한 공기와도 같다. 좋은 공기를 마셔야 건강해지듯 좋은 문화 속에서 살아야 올바른 인간으로 성장해나갈 수 있다. 군대문화가 그동안 부정적으로 인식되고 회자되어온 것은 문화를 형성하는 공유가치, 즉 군인정신의 근본적 결함 때문이다. 맹목적이고 몰인정하며 비이성적이고 불합리한 정신을 집단정신으로 공유해왔기 때문이다.

대한민국의 모든 남자들이 인생의 긴 세월을 군대라는 필터를 통과해 사회의 품으로 돌아가는데 어찌 때 묻지 않은 맑고 순수한 영혼으로 남을 수 있겠는가? 그들이 사회의 주류를 형성하고 사회지도층이 되어 알게 모르게 군에서 체득한 유무형의 습관들을 강요하고, 그것들이 굳어져 소위 '군대식'이라는 답답하고 융통성 없는 사고방식이나 행동방식을 일컫는 단어가 탄생하게 된 것이다. '군바리'라는 경멸적이고 모욕적인 비속어가 등장하게 된 것이다. 쉽게 말해 군대문화는 좋지 않은 것과 동의어다. 이처럼 군대라고 하면 나쁜 것부터 떠올리는 데 익숙한 젊은이들이 군대를 좋게 생각할 리 없고 군 입대를 흔쾌히 받아들일 리 없다.

그러나 우리 젊은이들이 제대로 알아야 할 사실이 있다. 현재의 군대는 온갖 나쁜 것들로 수식됐던 소위 '쌍팔년도식' 군대가 아니다. 10년이면 강산도 변한다고 했다. 내가 은사님으로부터 '군인정신은 미친 정신'이라는 말을 들었던 것이 정확히 2000년의 일이다. 지금은 그로부터 14년이 흘렀다. 강산이 한 번 변하고도 한 번 더 변하는 지점의 가운데까지 와 있다. 그동안 군대에 몰아닥친 변화의 바람은 그 어느 조직보다 거셌다. 특히 군사정권에서 문민정부, 참여정부로 이어지면서 군대에도 변화와 혁신의 광풍이 휘몰아쳤고, 각종 불합리와 부조리, 비합리적인 관행들을 뿌리 뽑는 데 참모총장부터 이등병에 이르기까지 모든 노력이 동원됐다. 일 중심, 업무 중심, 임무 중심적 문화에서 사람 중심으로 그 무게가 옮겨갔다. 이와 함께 병영 내 깊이 뿌리내려 있던 고질적인 악습이나 폐습들을 발본색원해 살기 좋은 병영문화를 만드는 데 많은 노력을 기울였다.

가장 큰 변화는 뭐니 뭐니 해도 군의 전투력은 유형 전력, 즉 많은 병력 수나 우수한 무기체계에서 나온다는 믿음에서 무형 전력, 즉 사람에게서 나온다는 믿음으로 옮겨간 것이라고 할 수 있다. 이런 까닭에 예전에는 군내 인권 문제가 등한시돼왔던 것이 사실이나, 현재는 병사 한 명 한 명의 인권과 기본권을 존중하려고 노력하고, 어떤 상황에서건 인명 손상을 예방하기 위해 노력한다. 이런 노력은 지금도 계속되고 있다. 임무 수행만큼이나 병사들의 복지와 편의를 보장하고 안락한 생활 여건을 보장하기 위해 지휘관부터 노심초사 애쓰고 있다.

요컨대 군 운영의 패러다임이 변화했다. 더 이상 옛날 군대가 아니다. 부모님 세대가 얘기하는 그런 군대가 아니다. 21세기에 걸맞은 군대로 탈바꿈하기 위한 노력은 현재 진행형이다. 그런 만큼 군 입대에 대한 심적 부담감을 내려놓아도 좋다고 확신한다.

열악해도 너~무 열악하다

장교를 국제 신사라고들 한다. 유럽 쪽에서 전파된 문화라고 생각되는데, 그렇다 보니 장차 장교가 될 사관생도 시절에는 국제 신사에 준하는 과분한 대우를 받으며 생활했던 것 같다. 생활관이나 각종 복지시설, 교수부 시설들이 한 국가의 사관학교에 걸맞게 훌륭했고, 생도들에 대한 교육과 각종 지원도 상당히 좋았다. 열심히 공부해서 사관학교에 들어온 보람과 자긍심을 가질 만했다.

그런데 매년 여름이면 실시되는 하기 군사훈련 시즌이 되면 익숙한 보금자리를 떠나 각 학년별로 야전부대 혹은 군내 교육시설로 뿔뿔이 흩어진다. 그럴 때마다 매번 느꼈던 것이 바로 문화충격이다. 우리가 생활하던 사관학교는, 아니 외부 민간인들이 살아가는 생활환경은 나날이 발전해가고 있는데, 야전부대 실상은 그 반대였다. 마치 시간을 거꾸로 되돌려놓은 듯했다.

병사들이 생활하는 막사는 1970년대쯤 지어져 여러 번 증축된 듯한 낡은 건물이었고, 40~50명이 한꺼번에 생활하고 잠을 자는 경우가 허다했다. 코 고는 소리는 기본이고 제대로 몸부림조차 칠 수 없는 좁은 공간에서 행여나 옆 사람에게 피해라도 줄까 긴장하며 자야 할 정도로 열악했다. 개인 사물과 군장 등을 수납하는 관물대는 캐비닛도 아니다. 나무 합판과 목재로 직접 못질해서 만든 라면박스보다 조금 큰 크기의 함이다. 그 좁은 공간에 전투복이며 속옷, 양말, 기타 세면도구와 개인 사물들을 요령 있게 정리하고, 그 위에다 군장들을 가지런히 정리해둔다.

두 내무반 사이에 낀 좁디좁은 화장실과 샤워장은 일과가 끝나면 북

새통이 따로 없다. 간부들 근무 여건이라고 해서 딱히 좋을 것도 없다. 좁아터진 간부연구실에는 어디서 주어 온 듯한 각양각색의 책상과 의자들이 들어차 있고, 그 위에 개인 군장류와 교범, 개인 물품들이 대충 정리되어 있다. 중대장실이나 중대본부인 행정반의 여건도 별반 다를 바 없이 열악하다. 건물 밖으로 나오면 건물 양쪽에 흡연할 수 있는 작은 공간에 나무로 짜 만든 벤치와 어디서 구해다 놓은 재떨이가 비치되어 있고, 병사들이 가장 좋아하는 KT공중전화 부스가 약간 멀찍이 떨어져 위치해 있다.

이것이 야전을 드문드문 접한 사관생도의 눈에 비친 야전부대의 모습이었다. 사관학교와는 180도 차이 나는 열악한 환경이었다. 당시에는 임관 후 저토록 열악한 야전부대에서 생활해야 한다는 것이 일종의 강등처럼 느껴지기도 했다. 야전이 정상이고 사관학교가 비정상인 듯도 했다. 야전의 실상이 저렇다면 굳이 사관학교가 이 정도로 화려할 필요는 없지 않을까라는 생각도 들었다. 물론 사관학교는 그 나라와 그 나라의 군을 대표하는 기관으로서의 상징성이 있기에 그럴 수밖에 없다. 그런 까닭에 극과 극의 환경 차이를 받아들이기가 결코 쉽지 않았다.

임관 후 드디어 시작된 야전생활! 걱정과는 달리 사관생도에서 한 부대에 소속된 간부로 탈바꿈하는 데에는 결코 오랜 시간이 걸리지 않았다. 매년 실시됐던 8주간의 하기 군사훈련 기간 동안 전후방 각급 부대를 많이 돌아다니며 적응한 덕분이기도 하고, 무엇보다 더 이상 사관생도가 아니라 부하들을 지휘하고 관리해야 하는 장교로서의 책임감과 사명감이 더 크게 작용했기 때문이다. 확실히 사람은 적응의 동물이다. 그 이후로는 열악한 부대 환경조차도 편안한 집처럼 느끼며 생활했다. 장기간의 훈련이나 파견에서 복귀하면 내 부대만큼 편한 곳이 없었다.

요점은 이렇다. 분명 군에 처음 입대하면 문화충격이 클 수밖에 없다. 사회가 시속 100km의 속도로 발전해간다면 군의 변화 속도는 시속 30km에 불과하다. 이는 시간이 갈수록 문화적 격차가 더 벌어지게 됨을 의미하기도 한다. 첨단 IT세대들이 어느 날 갑자기 시대에 뒤떨어진 아날로그 세상으로 내동댕이쳐진 느낌을 상상하기란 어렵지 않다. 그야말로 충격 그 자체다. 이는 군 지휘관이나 간부들이 병사들을 지휘하고 관리함에 있어 가장 큰 장애요인으로 작용한다. 병사들이 느끼는 충격이 크면 클수록 지휘하고 관리하기가 그만큼 더 버겁고 힘들어지기 때문이다.

이렇게 병영 환경의 실상을 구체적이고 리얼하게 얘기하는 것은 첫째, 여러분들이 곧 접하게 될 생활환경에 대한 맷집을 키우기 위해서다. 모르면 두렵지만 알면 두려움은 반이 될 수 있기 때문이다. 둘째, 현재 군에서 추진하고 있는 병영시설 현대화 사업을 부각시키기 위해서다. 앞에서 병영문화 혁신에 대해서 언급했는데, 이는 환경개선과 함께 간다. 인간 중심의 병영문화를 만들기 위해서는 내 집 같은 병영 환경이 함께 마련되어야 한다. 이런 이유로 군과 국가에서는 매년 열악한 부대를 우선으로 구형 막사를 헐고 현대식 막사로 신축하고 있다. 물론 제반 부대시설과 복지 여건도 동시에 개선된다. 개인 침대와 개인 캐비닛, 넓은 내무반은 기본이다. 헬스장이나 독서실, 컴퓨터실, 매점 등 현대식 복지시설을 누릴 수 있게 된다.

여러분이 어느 부대로 가게 될지는 오직 신만이 안다. 여건이 좋은 곳으로 갈 수도 있고, 열악한 곳으로 갈 수도 있다. 어떤 경우이든 간에 겁먹지 마라. 다 적응한다. 여러분은 혼자가 아니기 때문이다. 함께 할 동기들이 있고, 이미 그곳에서 적응하고 생활하고 있는 선배 전우들과 간부들이 있기 때문이다. 따로 언급하겠지만, 여건이 좋아서 좋은 점도 있지만 나쁜 점도 있고, 여건이 나빠서 나쁜 점도 있지만 나름대로 좋은 점도 많다. 그러므로 여러분이 할 일은 마음가짐을 담대히 갖는 것이다. 그리고 로또복권보다 당첨확률이 높은 2분의 1 확률을 기대해보는 것도 나쁘지 않을 것이다. 좋거나 나쁘거나!

생애 최초의 단절

군대가 지옥보다 가기 싫은 가장 큰 이유는 군 입대가 생애 최초의 단절이기 때문이다. 가족으로부터의 단절, 친구들과의 단절, 익숙한 모

입대 전에 충분한 시간을 갖고 마음의 준비와 주변 정리를 해야
앞으로 이어질 군대생활이 산뜻할 수 있다.
먼저 부모님과 화해할 일이 있다면 화해하라.
그 다음은 애인 문제다.
통상 애인과의 관계를 그대로 둔 채 입대를 하면
위안이 될 거라 생각하지만 이는 큰 오산이다.
멀리 생각해서 지금 여자 친구가 평생을 같이할 반려자가 아니라고
생각되면 과감하게 정리하고 입대하기를 권장한다.
그 밖에 평소 왕래가 없었던 조부모님과의 작별인사 정도는 해라.
그리고 휴학은 전역 후 복학에 용이하도록 시기를 잘 따져 처리하라.

든 것들과의 단절을 쉽게 허용할 수 없다. 단절되는 모든 것들이 곧 자기 자신이기 때문이다. 그것들로부터 떼어서는 한 번도 자신을 규정해 본 적이 없기에 혼란스러운 것이다. 그런 까닭에 입영열차 앞에서는 언제나 눈물의 전송식이 거행된다. 가족들은 자신의 일부를 뚝 떼어낸 것처럼 아픈 마음으로 떠나보내고, 떠나는 자는 자신의 모든 것을 남겨두고 오롯이 알몸인 채 미지의 세계로 향하는 열차에 오른다.

미안한 얘기지만 더 이상 울고불고 하지 말자! 사람이 정의 동물인 까닭에 슬픔을 느끼지 않을 수야 없겠지만, 이마저도 미리 준비하고 각오하면 얼마든지 담담해질 수 있다. 숙제도 닥쳐야 하듯, 입영통지서 받고도 마치 안 받은 것처럼 입대 전날까지 태연하게 지내는 경우가 허다하다. 현실이지만 보기 싫은 불편한 현실인 까닭에 외면하고 또 외면한다. 언젠가 닥치겠지만 아직은 내 일이 아니라고 치부해버린다. 그러니 마음의 준비를 할 턱이 없고, 입영열차 앞에서 도살장에 끌려가는 소처럼 굵은 눈물만 뚝뚝 흘리며 발길을 쉽게 돌리지 못하는 것이다.

하지만 미리미리 마음의 준비와 주변 정리를 조금씩 해나간다면 홀가분하게 떠날 수 있다. 보내주는 사람들도 잘 다녀오라며 가볍게 보내줄 수 있다. 단지 가벼운 이별을 위해서만은 아니다. 입대 전에 충분한 시간을 갖고 마음의 준비와 주변 정리를 해야 앞으로 이어질 군대생활이 산뜻할 수 있다. 쉽게 말해 발목 잡을 성가신 일들이 없게 된다.

먼저 부모님과 화해할 일이 있다면 화해해라. 입대할 시기의 젊은이들은 통상 부모님과 크고 작은 갈등을 안고 살아간다. 이를 그대로 놔두고 입대하면 가슴 아파서 잠도 못 이룬다. 군에 가면 모두 효자가 된다. 애인보다 더 생각나는 사람이 부모님이다. 아무 이유도 없는데 부모님만 떠올리면 그냥 눈물이 난다. 평소 아무 문제가 없었더라도 부모님 걱정을 하게 마련인데, 평소에 불효했다고 생각하면 절대 마음이 편할 리 없다. 청개구리 동화처럼 뒤늦게 후회하고 남몰래 눈물짓는 격이다. 그러니 입대하기 전에 부모님과 화해할 일들은 어떻게 해서든 하기 바란다. 말로 하기가 쑥스러우면 편지가 가장 적당하다. 글로 용서를 구하고 화해를 구하라. 어떤 부모님이라도 다 용서하고 이해하실 것이다.

다음은 애인 문제다. 한창 혈기왕성한 나이에 자신의 반쪽을 남겨두고 멀리 떠나와 있는 것은 장병들에게는 큰 고문이다. 실제로 애인 문제는 원만한 군대생활의 가장 큰 걸림돌이기도 하다. 이런 문제로 상담을 해본들 딱히 뾰족한 수는 없다. 오직 본인이 해결해야 한다. 설득하든 끝내든! 통상 애인과의 관계를 그대로 둔 채 입대를 하면 위안이 될 거라 생각하지만 이는 큰 오산이다. 위안이 아니라 걱정거리에 지나지 않는다. 미안한 얘기지만 여자들은 가까이에서 자신을 돌봐줄 사람을 필요로 하지, 알지도 못하는 오지에서 공중전화로, 그것도 수신

자부담으로 전화해서 군에서 축구하고 고생한 얘기만 해대며 위로해 달라며 조르고 고무신 바꿔 신지 말라고 단속이나 하는 옛 애인을 필요로 하지 않는다. 대체로 그렇다. "내 여친만은 예외다. 논개의 절개와 신사임당의 교양을 갖춘 여성이므로 절대 그럴 리 없다"라고 자부해도 어쩔 수 없다. 멀리 생각해서 지금 여자 친구가 평생을 같이할 반려자가 아니라고 생각되면 과감하게 정리하고 입대하기를 권장한다. 진짜 애인은 전역 후 사회생활하며 생긴다.

기타 고려해야 할 것들이다. 평소 왕래가 없던 조부모님과의 작별인사 정도는 해라. 기왕이면 멋진 모습으로! 조부모님의 남은 생이 얼마나 될지 아무도 장담할 수 없기 때문이다. 휴학은 전역 후 복학에 용이하도록 시기를 잘 따져볼 필요가 있다. 입대 전 자기만의 시간을 가질 필요도 있고, 전역 후 복학에 필요한 준비를 하는 데 필요한 시간도 있다. 이를 잘 고려하여 휴학 문제를 처리하기 바란다. 아무 생각 없이 닥쳐서 모든 것을 하려고 하면 될 일도 안 되는 법이다. 친구들과의 문제는 간단한 이별여행 정도면 족하다. 대부분 여러분이 군생활을 할 시기에 그 친구들도 군에 입대한다. 누가 좀 더 빠르고 느리냐의 차이밖에 없다. 서로의 건강과 무사전역을 기원하는 차원에서 간소하게 여행을 다녀와라. 입대 전 여러분의 머리를 복잡하게 했던 대부분의 문제들이 어느 정도 정리되는 느낌을 받을 것이다.

남자가 살아가면서 단절과 이별을 경험하는 것은 크게 세 번이다.

군대 갈 때, 결혼할 때, 그리고 죽을 때! 군 입대는 첫 경험이므로 가장 아프다. 그러나 그 다음의 단절과 이별이 덜 아프게 만드는 고통 완화제의 역할도 한다. 상처는 아프지만 다 낫고 난 뒤에는 흉터가 남는다. 그 흉터는 상처 나기 전보다 더 강하다. 마찬가지로 군 입대의 아픔을 잘 이겨내면 삶에서 겪는 이별의 아픔들을 지혜롭게 극복해나갈 수 있는 힘이 된다. 기왕이면 좋게 보자. 그래야 고통조차도 온전히 즐길 수 있는 마음의 여유가 생기니까 말이다.

군대가 지옥보다 가기 싫은 이유는 이외에도 많겠지만 가장 굵직한 것들만 몇 가지 추려보았다. 대체로 공감할 거라 생각된다. 그렇다고 해서 100퍼센트의 위안과 대안이 될 수 없음은 누구보다 잘 안다. 나머지는 부딪쳐봐야 '아! 그거였구나!'라고 할 부분들이다. 이 부분을 길게 쓴 이유는 안타까움과 안쓰러움 때문이다. 부디 물에 빠진 사람이 붙잡을 수 있는 지푸라기만큼의 도움과 위안이 되었기를 희망한다.

국방색 길도
알고 보면 여러 갈래

"아빠! 군대 가면 저런 훈련 다 받아야 돼?"

TV를 가만히 보던 아들 녀석이 갑자기 묻는다. 마침 TV에서는 군 관련 뉴스와 함께 장병들이 훈련하는 편집 영상이 나오고 있었다. 특전사의 고공낙하, 해병대의 상륙작전, 특공부대의 헬기 래펠, 해군의 함포사격 장면과 공군 전투기들의 멋진 비행 장면 등 군 활약상을 편집한 영상이다 보니 어른인 내가 보기에도 멋있었다. 멋진 미래를 꿈꾸는 아이들 눈에도 그런 군인들의 모습이 프로페셔널처럼 멋있게 보였을 것이다. 그런데 아들 녀석은 그게 멋있어서 물어본 것이 아니라 걱정돼서 물어본 것이었다.

'말하자면 긴데 어떻게 대답해야 되지?' 결국 간단히 얼버무렸다.

"아냐. 저건 멋있게 보이려고 만든 거고, 실제로는 안 그래. 군인도 여러 가진데 하는 일이 다 달라."

고작 11살인 아들에게 군인의 종류와 육·해·공군의 차이, 병과별 차이 등 그 방대한 내용을 일일이 설명해주기도 어렵고, 설명해준들 다 알아듣기도 어렵다. 간단히 지나쳤지만 언젠가는 알아야 한다. 그래야만 청춘의 소중한 2년을 자기의 적성과 뜻에 맞추어 알차고 의미 있게 보낼 수 있는 올바른 선택을 내릴 수 있기 때문이다.

이 책을 읽고 있는 여러분에게도 마찬가지다. 단순히 입대영장 나올 때까지 아무 생각 없이 지내고, 입대영장이 나오면 입대 일자에 맞춰서 입대하면 그만이라고 생각하고 있다면 크게 잘못하고 있는 것이다. 그렇게 단순하게 생각할 만큼 군인이 되는 길이 간단치만은 않기 때문이다. 지금부터 함께 살펴보면서 단순했던 생각을 바꿔보고, 여러분의 소중한 청춘 2년을 어디서 어떻게 보낼 것인지를 생각해보도록 하자.

리더로 가는 길, 장교

잘 알다시피 군인의 길에는 크게 장교, 부사관, 병사 세 가지가 있다. 그중에서 먼저 장교의 길에 대해서 살펴보자. 장교는 휘하에 소속된 부하들을 지휘하고 관리하여 임무를 완수하는 사람들이다. 그런 만큼 많은 책임감과 사명감이 요구된다. 반면 팔로워가 아닌 리더로 생활하며 리더십을 향상시킬 수 있고, 그 과정을 통해 크게 성장한다.

상급자들로부터 명령과 지시를 받아 그대로 따르는 것도 결코 쉽지 않을 뿐 아니라 제각각인 부하들의 마음을 하나로 모아 주어진 임무를 수행하는 일 또한 만만치 않다. 그렇기 때문에 장교의 길은 그 자체가 리더로 성장하는 소중한 계기가 된다. 삼성을 비롯한 국내 굴지의 기업들이 장교 출신을 우대하여 선발하는 이유가 바로 여기에 있다.

장교가 되는 방법은 정규 4년제 사관학교에 입학하거나 3사관학교에 지원하는 방법, 학군사관이나 학사장교가 되는 방법이 대표적이다. 그 외에 간부사관이라고 하여 군복무 중인 장병들 중에서 모집하여 선발하는 경우도 있다. 이 책이 모집요강이 아닌 관계로 각 과정별로 어떻게 지원하고 선발되는지를 논하는 것은 흐름에서 벗어난다고 판단된다. 각 과정별 선발 방법과 교육과정, 특전이나 의무사항 등 세부 내용은 각 기관별 홈페이지에서 쉽게 확인할 수 있으니 살펴보기 바란다.

프로페셔널이 되는 길, 부사관

부사관은 군 계급 구조에서 장교와 병사를 이어주는 연결고리에 위치한다. 흔히 부사관을 군대의 허리라고 표현하는 것도 바로 이런 이유에서다. 장교는 1년 혹은 2년 단위로 교체되는 데 반해, 부사관은 한 부대에 배치되면 비교적 오랜 기간 동안 그 부대에서 근무하게 된다.

반면 다양한 직책을 두루두루 수행하기 때문에 부대의 특성과 임무, 훈련과 정비, 보급 등 전반적인 분야에서 가히 전문가가 된다. 이들의 도움이 있기에 장교들은 쉽게 부대와 임무에 적응하여 부대를 지휘해 나갈 수 있고, 병사들은 쉽게 부대생활에 적응하여 원활한 군생활을 영위해나갈 수 있다.

장교가 사람의 머리에 해당한다면, 부사관은 몸통에 해당한다. 즉, 장교가 부대 운영과 작전 등을 구상하고 계획한다면, 부사관은 이를 실행에 옮기는 핵심적인 역할을 한다. 또한 장교를 엄격한 아버지라고 한다면, 부사관은 자상한 어머니의 역할을 한다. 병사들과 가장 가까이에서 생활하며 그들의 고충과 애환을 가장 잘 알기 때문이다. 끝으로 장교가 숲을 보는 사람이라면, 부사관은 나무를 보는 사람이다. 장교가 크게 보는 대신 보지 못하는 작은 부분들, 부대 구석구석과 병사 개개인에 이르기까지 세밀하게 돌보고 보살핀다. 이런 부사관들의 노력이 있기에 부대가 원활하게 돌아갈 수 있고, 임무가 완수될 수 있는 것이다.

부사관이 되는 방법에는 고등학교 졸업 후 민간 부사관 선발시험에 응시하는 방법과 현역 병사로 생활하면서 지원하는 방법이 있다. 각 방법별로 장단점이 있다. 민간 부사관의 경우 현역병으로 복무할 필요 없이 간부로 임관하여 직업군인으로서의 생활을 해나갈 수 있다. 반면 야전부대에서의 경험이 전혀 없기 때문에 전문성에 있어서만큼은 병사들보다 부족하다는 핸디캡을 안고 출발한다. 현역 부사관은 민간 부사관과 반대로 현역 병사로 근무하면서 쌓은 노하우와 지식이 있어 임관 후 간부로서의 적응이 빠르다. 반면 현역 병사로 복무했던 기간만큼 인생의 손해를 본다는 단점도 있다. 지인이나 유경험자의 조언을 충분히 들어본 뒤 신중히 결정하기 바란다.

국군의 주역,
굵고 짧은 병사의 길

장교들이 아무리 우수하고 부사관들의 전문성이 뛰어나도 이를 전투력으로 전환시켜주는 병사들이 없다면 모두 무용지물이다. 우리 군의 전투력은 병사들의 손끝 발끝에서 나오기 때문이다. 이 책을 보는 대부분의 젊은이들에게 해당되는 얘기다.

병사의 길이라고 해서 단순히 육군의 일반병만 있는 게 아니다. 병사의 길에도 여러분이 선택해서 갈 수 있는 다양한 루트가 있다. 해군, 공군, 해병대가 바로 그것이다. 군 입대에 대해서 아무 생각이 없다면 군에서도 아무 고민 없이 여러분을 육군 일반병으로 자동 분류한다. 하지만 군복무를 군의 처분에만 맡기지 않고 자신의 적성과 장래성을 고려하여 선택할 수 있는 방법이 있으니, 바로 육군 기술행정병, 카투사, 해군, 공군, 해병대 등에 자원입대하는 방법이다.

육군 기술행정병은 자격증이나 면허증, 전공에 따라 지원하여 자원 입대하는 방식이다. 육군은 부대의 종류도 다양하고 규모가 큰 만큼 다양한 능력을 가진 자원을 필요로 한다. 이를 위해서 운전이나 중장비 자격증, 각종 IT 분야 자격증, 행정업무 수행과 관련된 전공을 가지고 있는 자원들을 선발하여 활용하고 있다. 카투사는 잘 알고 있다시피 어학능력을 가지고 있다면 도전해볼 만하다. 한국군이 아닌 세계 최강의 미군에서 군복무를 하면서 어학실력을 더욱 향상시키는 동시에 미군의 효율적인 업무 시스템을 배우는 좋은 계기가 될 수 있다.

해군은 통상 군함이라고 부르는 함상에서 주로 근무하며 바다를 지키는 임무를 수행한다. 반면, 공군은 공군이라고 해서 모두 직접 전투기를 타고 하늘을 지키는 것은 아니다. 이는 파일럿인 장교들의 몫이고, 병사들은 공군기지에서 근무하면서 영공 방위의 임무 수행에 필요한 복잡한 행정업무를 보좌하거나 관제, 항공기 정비, 기지 방어 등의 임무를 수행한다. 해병대는 여러분이 워낙 잘 알고 있어서 별도로 설명할 필요가 없을 듯하다. 해병대의 주 임무는 상륙작전 수행이다. 해상을 통해 적진에 침투하고 그 뒤에는 육군의 특전사와 비슷한 특수작전을 수행한다. 바다에서든 육지에서든 전천후 전투능력을 가지고 있는 부대가 바로 해병대다. 그런 만큼 훈련 강도가 세고 군기가 엄정하기로 유명하다. 강한 남자를 꿈꾸는 모든 젊은이들의 로망인 만큼 언제나 경쟁률이 높다.

이렇듯 자원입대 방법은 전역 이후 여러분의 진로와 깊은 연관이 있다. 여러분이 가진 각종 자격과 전공 분야의 경험을 체득하고 지속적인 숙달이 필요하다면 육군 기술행정병이나 카투사에 지원하면 유리하다. 또한 바다나 하늘과 관련된 일이라면 굳이 육군에서 복부하기보다는 해군이나 공군에서 복무하는 편이 경험을 쌓는 측면에서는 훨씬 유리하다. 한편 전역 후 특수작전 경험이 요구되는 소방, 구조, 경호, 경비 등의 방면으로 진출하고자 한다면 해병대가 적격이다. 해군과 공군의 경우 육군보다는 상대적으로 자유롭고 개인시간도 많이 보장받는다. 따라서 군복무 중에도 자기계발에 좀 더 유리한 측면이 있을 수 있다. 이 점도 여러분의 선택에 영향을 미치는 요소가 되리라 본다.

하지만 육군 기술행정병, 해군, 공군 그리고 해병대에서 선발하는 인원은 사실 소수에 불과하다. 이는 대부분의 젊은이들이 육군 일반병으로 군복무를 하게 된다는 의미다. 그렇다면 이들의 군복무는 과연 어떨까? 그에 대한 대답은 "가장 평범하고 가장 보편적이다" 정도로 표현할 수 있을 듯하다. 이 말은 전역 후 누구를 만나서 얘기하더라도 대화가 통하고, 군대 얘기만으로도 친분관계가 형성될 수도 있다는 말이다. 그만큼 육군에서의 군복무는 범국민적이라 할 만하다.

육군 병과에는 보병, 포병, 기갑, 공병, 통신, 정보, 화학, 헌병, 기무, 의무 등 다양한 병과가 있다. 각 병과 내에서도 주특기가 세분화되어 각자 고유의 임무를 수행한다. 예를 들면, 보병부대에 배치되더라도 다 같은 소총수로 복무하는 게 아니다. 기관총이나 박격포와 같은 중화기를 다루는 임무를 수행할 수도 있고 행정병, 정비병, 취사병 등과 같은 임무를 수행할 수도 있다.

병사는 군 계급체계에서 가장 아랫부분에 위치한다. 이 말을 병사가 가장 낮은 신분이라고 받아들이기보다는 군을 떠받치는 기초라고 생각하면 좀 더 마음이 편할 듯싶다. 병사는 장교나 부사관과 같은 직업군인이 아니다. 이들은 신성한 국방의 의무를 다하기 위해 국가의 부름을 받아 나라를 지키러 온 '군복 입은 국민'이다. 이들이 없다면 군의 전투력은 존재할 수가 없다. 따라서 계급에 따른 열등의식이 아닌 한 사람 한 사람의 존재 가치—내가 곧 전투력이다—에 대해서 자긍심을 가지고 군복무에 임한다면 충분히 성공적이고 만족할 만한 군생활을 영위해나갈 수 있을 것이라 확신한다.

이 책을 읽는 대부분의 젊은이들은 병사로서의 삶이 어떤 것인지 무척이나 궁금할 것이다. 이것이 바로 이 책의 주제다. 앞으로 하나씩 살펴보기로 하고 병사에 관한 간략한 소개는 여기서 줄인다.

어떤 길?
끌리는 길이 나의 길

몰랐다면 그냥 속 편하게 자동 입대하면 됐을 일을 괜히 머리만 복잡하게 만들었는지도 모른다. 하지만 인생은 언제나 선택의 연속이고 그 선택이 결과를 좌우하는 법이다. 그래서 언제나 선택은 어렵다. 자장면을 먹을 것인가 아니면 짬뽕을 먹을 것인가를 선택하는 일에도 많은 신경을 쏟으면서 여러분의 소중한 청춘의 2년이 좌우되는 중요한 문제를 수수방관해서는 안 될 일이다. 입대하기까지 시간적인 여유가 있다면 다시 한 번 진지하게 생각해보기 바란다.

군인이 되는 길에도 세 갈래 길이 있다는 사실을 알아봤다. 이제 여러분의 선택지는 하나에서 세 가지로 늘어난 셈이다. 장교, 부사관 그리고 병사! 셋 중 하나를 선택하는 일이 앞으로의 2년을 좌우한다. 이 선택을 위해서 여러분은 많은 자료를 수집하고 지인이나 선배나 친척 중 유경험자를 찾아다니며 이것저것 물어보고 파악하는 노력을 기울여야 한다. 세상의 모든 일에는 장단점이 있는 법이다. 하나를 얻으면 하나를 잃는 법이다. 모든 것을 충족시킬 수 있는 선택이란 없다. 최대한 최적의 답을 찾아내는 것! 그것만이 우리가 할 수 있는 모든 것이다.

여러분은 운명의 갈림길에 서 있다. 과연 어느 길을 선택해야 할까? 내 기준에서 가장 피하라고 강조하고 싶은 길은 '남들이 다 가는 길'이다. 친구 따라 강남 가는 격이다. 친구가 가는 곳이 어딘지는 몰라도 다 가는 곳이니까 안심하고 따라가지만 그곳이 지옥이 될 수도 있고 내가 원했던 곳이 아닐 수도 있다. 여러분의 인생은 여러분이 결정하는 것이지 친구가 결정해주는 것이 아니다. 이런 상황에 처할 때마다 11살 아들에게 세뇌교육을 하듯이 꼭 해주는 얘기가 있다.

"네 마음이 끌리는 곳으로 가라!"

삶을 살다 보면 어렴풋이 알게 되는 것이 있다. 내 마음이 동하는 곳, 내 심장이 두근거리는 곳에 내 운명이 있다는 사실을 말이다. 우리가 나아가야 할 길을 알려주는 나침반이 우리의 내면 어딘가에 반드시 존재한다. 그리고 그것은 끌림으로, 두근거림으로 신호를 준다.

장교는 멋있다. 멋있는 만큼 책임과 희생이 따른다. 부사관은 왠지 좀 어중간하다. 하지만 장교에 비하면 비교적 안정된 삶을 누릴 수 있다. 병사는 장교, 부사관의 길을 가는 사람을 빼고는 누구나 다 가야 하는 길이다. 쉽게 말해 남들 다 가는 길이다. 무난한 길이지만 특색이 없다. 어떤 길을 선택해야 할지는 오롯이 여러분의 몫이다. 장래의 꿈에 도움이 되는 길, 그리고 여러분의 마음이 끌리는 길! 부디 멋진 선택을 하기를 간절히 소망한다.

준비된 자에게는
행운의 여신이 함께한다

군대는 베일에 가려진 집단이다. 군대에 다녀온 사람들은 많은데 제대로 된 정보를 구하기가 쉽지 않다. 네이버 박사님께 물어보면 답변하는 사람마다 제각각이고 중구난방이다. 군대에 대해서 알고 싶은 건 참 많은데 시원하게 대답해줄 사람은 없다. 다들 먹고 사는 일에 바쁜데 이미 지나간 일을 붙잡고 있을 만큼 한가한 사람도 없거니와, 군 시절의 기억이라는 게 당장 떠올리고 싶을 만큼 썩 내키지도 않는다. 한 20년 내지 30년 정도 지나야 구수한 맛이 배어나오는 발효주 같은 특성을 가진 것이 군생활이니까. 거기에다 가장 말단에서 생활하는 병사들의 눈은 한정되어 있다. 자신이 경험한 것 외에는 모르는 법이다. 그러니 제대로 된 정보가 축적되고 전수될 리가 없는 것이다.

이번 파트의 주제는 여러분이 가장 관심 있어 할 주제다. 어떻게 하면 좋은 보직을 받느냐, 어떻게 하면 대접받고 존중받으면서 군대생활을 하느냐에 관련된 얘기들이다. 지금부터 얘기하는 것들을 명심하고 실천하면 한 차원 높은 군대생활의 질을 경험하게 될 것이다.

군대의 특성을 알면
왕도가 보인다

뜻밖에도 군대는 자급자족 조직이다. 막대한 예산을 국방비로 지출하지만 좀 과장해서 말하면 무기 사고 봉급 주면 끝이다. 그런 다음 쥐꼬리만큼 남는 예산으로 입히고 먹이고 훈련하는 데 사용한다. 그럼에도 불구하고 위에서 시키는 일도 많고, 알아서 해야 할 일도 많다. 주어진 예산만으로는 턱없이 부족하고, 몇 명 안 되는 간부들만의 노력으로도 하지 못하는 일이 많다.

이때 필요한 것이 바로 재능과 끼를 가지고 있는 병사들의 도움이다. 여러분이 가지고 있는 작은 재능이 부대에 요긴하게 활용될 수 있다. 그 대가로 여러분은 간부들과 동료 병사들로부터 인정을 받을 수도 있고, 더 나아가 포상휴가와 같은 물질적 보상을 받을 수도 있다. 뜻이 있는 곳에 길이 있는 법! 군대생활을 보다 윤택하게 하고자 한다면 이렇듯 길이 열리고 방법이 생긴다. 이 대목에서 잠시 책을 덮고 생각해보자. 여러분이 가지고 있는 각종 자격증은 어떤 것이며, 비록 자격증은 없지만 잘할 수 있는 특기와 재능이 뭔지를 말이다.

여러분이 가지고 있는 작은 재능이 부대에 요긴하게 활용될 수 있다.
그 대가로 여러분은 간부들과 동료 병사들로부터 인정을 받을 수 있고,
더 나아가 포상휴가와 같은 물질적 보상을 받을 수도 있다.
뜻이 있는 곳에 길이 있는 법!
군대생활을 보다 윤택하게 하고자 한다면 자신이 가지고 있는
자격증은 어떤 것이며, 비록 자격증이 없더라도 잘할 수 있는
특기와 재능은 무엇인지 생각해보라.

군에서 요구하는 각종 공인 자격증이 있다면
기술행정병으로 자원입대할 수 있다.
만약 여러분이 이러한 공인 자격증을 가지고 있다면 기술행정병에
지원하여 공식적으로 여러분의 자격에 걸맞은 주특기를 받기 바란다.
자세한 사항은 병무청 홈페이지에서 확인 가능하다.

공인 자격증의 위력

여러분이 군에서 요구하는 각종 공인 자격증이 있다면 앞서 말했던 기술행정병으로 자원입대할 수 있다. 대부분의 젊은이들이 운전면허증, 워드 자격증 정도는 가지고 있다. 하지만 방법을 모른다거나 관심이 없어서 지원하지 않는 경우가 대부분이다. 육군의 경우는 군에서 부여한 특기에 맞게 임무를 부여한다. 예를 들면 행정병에게 소총수 임무를 부여하지 못한다는 의미다. 만약 여러분이 이러한 공인 자격증을 가지고 있다면 기술행정병에 지원하여 공식적으로 여러분의 자격에 걸맞은 주특기를 받기 바란다. 모두가 선망하는 주특기를 받고 군복무를 시작하는 가장 강력한 방법이다. 자세한 사항은 병무청 홈페이지에서 확인 가능하다.

작은 실력이라도 무조건 발휘해라!
복이 되어 돌아온다

이미 언급했듯이 군은 자급자족 조직이다. 여러분을 단순히 전투력으로만 볼 만큼 풍족하지 않고 여유롭지도 못하다. 이런 이유로 부대 간부들은 상황에 따라서 특별한 재능이나 재주, 특기를 가진 병사들을 찾는다.

예를 들면 이렇다. 태권도 승단 심사가 한 달 앞으로 다가왔다. 태권도 단증이 없는 병사들을 모아 특별 지도를 해야 할 상황이다. 그런데 공교롭게도 태권도를 제대로 지도할 능력을 가진 간부가 없다. 이럴 경우 태권도 유단자 중에서 특별히 뛰어난 병사를 선정해서 조교로 활용할 수 있다. 이 병사의 맹활약으로 태권도 승단 심사에서 합격자가 많을 경우, 본인 스스로도 흡족할 뿐만 아니라 합격한 동료들도 감사의 마음을 표할 것이다. 부대의 승단 비율이 전투력 평가에 반영되는 요소인 만큼 부대 지휘관 또한 다양한 방법으로 그 병사의 노고를 보상해줄 것이다.

이뿐 아니다. 군대에서 빼놓을 수 없는 것이 체육대회다. 어떤 지휘관도 단지 참가하는 데 의미를 두지 않는다. 군대 체육대회는 승패에 민감하다. 싸워 이기는 것이 주목적인 조직이 군대인 만큼 체육대회에서 반드시 이겨야 한다. 그러기 위해서는 종목별로 선수들이 필요하다. 주로 축구, 족구, 배구, 농구, 계주 등의 종목으로 구성된다. 만약 이 종목들 중 어느 한 종목에라도 재주가 있다면 무조건 참가해라. 체육대회 우승은 더 없는 명예다. 부대를 드높이는 주역이 될 수 있다. 무엇보다 체육대회는 부대의 축제나 다름없기에 포상도 두둑하다.

군에서는 정기적으로 각종 표어나 포스터를 공모한다. 정보보안 분야나 사고예방 분야, 국가관과 안보관을 확립하는 분야일 수도 있다. 표어는 단 한 줄에 불과하다. 번뜩이는 재치로 표어에 공모하여 당첨

되면 포상이 주어진다. 포스터도 마찬가지다. 아이디어가 있고 그림에 재능이 있다면 무조건 도전해라. 이 또한 당첨되면 포상이 뒤따른다. 글 쓰는 재능과 그림 그리는 재능도 얼마든지 크게 활용될 수 있음을 명심하기 바란다.

이루 다 말할 수 없을 정도로 여러분의 끼와 재능을 발휘할 수 있는 기회가 널려 있다. 노래만 잘해도 부대 축제에 참가하여 우승하면 포상휴가를 받을 수 있다. 뚱뚱한 데다 몸치라고 주눅 들 필요 없다. 체육대회 종목 중 줄다리기에서 핵심 멤버로 활약할 수 있다. 할 줄 아는 것이라고는 몸뚱어리로 하는 것밖에 없다고 해도 실망할 필요 없다. 군대 활동의 90퍼센트는 몸으로 하는 것이다. 훈련에 열심히 임하고, 진지 공사에서 최선을 다해보라. 유공자로 선정되어 포상을 받는다.

오해가 없기를 바란다. 포상 받는 방법을 알려주는 게 아니다. 누구나 하나씩 독특한 재능을 가지고 있다. 군대생활은 입대 전에는 몰랐던 여러분만의 재능을 발굴하고 발휘할 수 있는 좋은 기회가 될 수 있다. 그저 지시대로 따르기만 하는 수동적이고 단조로운 군생활에서 벗어나 적극적으로 참여함으로써 부대와 내가 서로 윈윈win-win할 수 있고, 활기차고 재미있는 군생활을 영위해나갈 수 있게 된다.

신상명세서는
최대한 섹시하게 써라

많은 병사들이 부대로 전입해 오고, 많은 병사들이 전역한다. 그만큼 병력 순환주기가 빠르다. 이런 까닭에 부대 간부들이 병사들의 신상을 완벽하게 파악하고 숙지한다는 것은 불가능하다. 그래서 첫 대면에서 자신을 인상 깊게 각인시키지 못하면 여러분은 그저 평범한 병사들 중 하나로 취급될 수밖에 없다. 이는 입사 면접과 동일하다. 내가 어떤 사람인지, 어떤 재능을 가지고 있는지, 어떤 방면에서 부대에 도움이 될 수 있는지를 최대한 알리려는 노력을 해야 한다. 밑져야 본전 아닌 가? 입 다물고 있는 것보다는 적극적으로 있는 그대로 자신을 어필하는 것이 100배 낫다.

이렇게 하기 위해서는 신상명세서 작성에 심혈을 기울일 필요가 있다. 통상 신병교육대에서 작성하는데, 워낙 정신이 없는 가운데 작성하다 보니 대충 적는 경향이 있다. 최대한 자세하게, 구체적으로 작성해야 하나 대부분 기본적인 사항만 대충 작성한다. 어디 아픈 곳이나 불편한 사항에 대해서는 빼먹지 않고 기록하면서도 자신이 잘할 수 있는 분야에 대해서는 누락하거나 대충 기록한다.

무조건 적어라! 지면이 부족하고 칸이 없어도 적어라! 누구 하나 뭐라고 하지 않는다. 취미·특기란에 자신이 잘할 수 있는 것이나 재능을 신상명세서 작성에 심혈을 기울여라.

무조건 적어라! 지면이 부족하고 칸이 없어도 적어라!

취미 특기란에 자신이 잘할 수 있는 것이나 재능을

딱 하나만 쓰지 말고 있는 대로 다 적어라.

지휘관이나 간부들이 여러분을 제대로 파악할 수 있는

유일한 자료는 신상명세서다.

내가 어떤 사람인지, 어떤 재능을 가지고 있는지,

어떤 방면에서 부대에 도움이 될 수 있는지

최대한 알리려는 노력을 해야 한다.

딱 하나만 쓰지 말고 있는 대로 다 적어라. 특별히 누구의 눈에 띄기 위해서라기보다는 앞으로 여러분을 보살피고 지휘하게 될 간부들이 여러분의 이모저모를 제대로 파악하게 하고 알리기 위해서다.

신병교육대에서 부대로 전입하게 되면 제일 먼저 부대장에게 전입 신고를 한다. 이때 많은 신병들이 동시에 신고하고 면담을 하게 되는데, 짧은 시간 동안 여러분이 어떤 사람인지, 어떤 과거가 있고, 어떤 문제가 있으며, 무엇을 잘하고 못하는지에 대해서 구체적으로 설명할 시간이 없다. 따라서 지휘관이나 간부들이 여러분을 제대로 파악할 수 있는 유일한 자료는 신상명세서다. 여러분을 간부들에게 제대로 알리고 싶다면 신상명세서 작성에 심혈을 기울여라. 그만큼 가치 있다.

준비된 자가 되려면

준비란 미리미리 하는 게 준비다. 아무것도 가진 것 없이 지금 당장 입대하는 것은 아무 스펙 없이 입사하려는 것과 같다. 단, 회사는 탈락이 있지만 군대는 탈락이 없다. 다만 질적 차이만 있을 뿐이다. 그 질적 차이가 생각보다 크다는 게 문제라면 문제다. 내 경험에 비추어보면, 한 번 누리는 자는 계속 누린다. 그럴 수밖에 없다. 이미 재능이 입증됐기 때문에 지속적으로 그 재능을 활용하기 때문이다. 군대! 절대 평등하지 않다. 실력대로, 능력대로, 한 만큼 대접받는다. 빈익빈 부익부는 군대에도 그대로 적용됨을 명심하기 바란다.

일찍 일어나는 새가 벌레를 잡는 법이다. 꽃다운 청춘의 2년을 보내게 될 군대에서의 삶은 미리미리 준비하는 자의 것이다. 그 준비가 꼭 군 입대를 위한 준비가 아니라, 여러분 각자의 삶, 미래를 위한 준비다. 앞서 언급했던 자격증 따는 것이나 태권도 승단, 각자의 적성과 개성에 따라 재능을 식별하고 개발해나가는 것 등은 결코 군생활만을 위한 것이 아니다. 여러분의 미래를 위한 준비다. 단지 그것들이 군대에서 유용하게 활용될 수 있고, 그것들을 통해 여러분의 군생활이 윤택해질 수 있다는 것이다.

행운의 여신은 준비된 자에게 미소를 짓는다. 군대생활을 행운의 여신과 함께하고 싶다면 지금부터 준비해라. 여러분이 풀어놓을 보따리가 풍성할수록 군생활을 통한 수확도 풍성할 것이다.

●

남들이 가지 않는 뒤안길에
꽃길이 있다

빽 믿고 힘쓰면 큰 코 다친다

자식 군대 갈 때쯤 되면 웬만큼 사업하는 아버지들은 사돈의 팔촌도 모자라 친구나 거래처 지인의 팔촌까지 총동원하여 청탁운동을 벌인다. "우리 아들 후방으로 빼주세요!" 딱 잘라서 말하자면 다 옛날 얘기다. 군대가 썩었다고 비판받던 시절의 일이다. 지금은 원천적으로 불가능하다. 부대 배정 절차가 전산 시스템에 의해 무작위로 이루어지고, 암실이 아닌 공개석상에서 진행되므로 외부의 간섭이나 개입이 일체 불가하다. 참모총장이든 국방부 장관이든 불가하다. 그러니 그보다 계급이 낮은 사람들에게 청탁해봐야 아무 소용없다. 더 이상 빛의 자식들만 가는 부대, 어둠의 자식들이 가는 부대가 따로 구분될 일은 없다.

해군, 공군에는 전방과 후방의 구분이 없다. 육군의 입장에서 보면 모두 후방이고, 모두 도시를 끼고 있어 근무 여건이나 생활 여건이 월등히 좋기 때문이다. 반면, 육군은 북한과 마주하고 있는 전방의 GOP 경계부대부터 해안 경계부대, 내륙에 있는 후방부대 등 셀 수 없이 많은 부대가 있고, 근무 여건 측면에서 지역별 차이가 극심한 편이다. 전방이나 해안 등 경계 임무를 수행하는 부대일수록 열악하고, 후방으로 갈수록 좋아진다. 전투부대일수록 열악하고 학교기관이나 행정부대일수록 좋은 편이다. 여러분의 아버님들 또한 이러한 사실을 잘 알기 때문에 사랑하는 자식이 가급적 좋은 곳에서 복무하기를 원하는 마음일 것이다.

하지만 여러분이 꼭 알아야 할 사실이 있다. 후방이라고 무조건 좋은 것만은 아니고, 전방이라고 해서 무조건 나쁜 것만은 아니라는 점이다. 여기에서도 다름과 틀림의 차이에 대한 편견의 문제가 개입되는데, 전방과 후방은 다른 것이지, 후방은 옳고 전방은 틀린 것이 절대 아니라는 얘기다. 후방에 간 친구가 온갖 고생이란 고생은 다 하며 군대생활을 할 수도 있고, 두려운 마음으로 전방에 간 친구가 편안하게 복무에 전념할 수도 있다. 그 차이에 대해서 살펴보자.

전방, 무인도에서는 단결한다

전방이라고 하면 떠오르는 것을 나열해보라. 높고 험한 산, 휴전선, 추위와 폭설, 진창길, 철조망, 외로움, 북한 땅, 북한군, 삭막함, 여자는 물론이고 사람조차 찾아보기 힘든 고립된 공간 등 안 좋은 말들은 죄다 갖다 붙여도 좋을 만큼 호감이 가지 않는 곳임에는 틀림없다.

우리나라 경계의 최전선인 만큼 수행하는 임무도 중요하고 일상도 바쁘게 돌아간다. GOP 경계부대는 일상 자체가 경계 임무와 휴식으로 이루어질 정도로 단순하지만 힘들다. 그 후방에 위치한 부대들은 언제라도 일어날 수 있는 전쟁에 대비해 교육훈련에 여념이 없다. 거기에다 각종 평가나 검열, 이런저런 부대 행사가 겹치면 숨 쉴 틈 없이 바쁘게 돌아간다.

이런 까닭에 저 꼭대기에 있는 합참의장이나 참모총장을 비롯하여 모든 지휘관들의 관심과 시선이 이곳으로 쏠리는 것은 당연하다. 북한군의 동향부터 우리 병사들의 먹고 입고 잠자는 문제에 이르기까지 하나하나 살핀다. 그러니 부대 간부들의 관심 또한 낮을 리 없다. 기본적인 의식주 문제부터 병사들 개개인의 고민과 힘든 점에 대해서 수시로 확인하고 조치해준다. 그래야만 아무 탈 없이 임무에만 전념할 수 있기 때문이다. 병사들 간에 마찰이나 불미스런 일들이 벌어져 사고로 이어지면 그 부대는 임무 수행에 심각한 지장을 받게 되고, 경계 임무에 큰 구멍이 생기는 결과가 초래된다. 이 사실을 부대 지휘관부터 병사들 모두가 잘 알고 있기 때문에 서로가 주의하고 챙겨주는 문화가 정착되어 있다.

무엇보다 인간은 위험에 처하면 단결하게 되어 있는 법이다. 전방부대는 그 자체로 사회로부터 멀리 떨어져 있어 고립감과 격리감을 느낄 수밖에 없다. 거기에다 하루 일과가 타이트하게 돌아가기 때문에 육체적으로도 힘들고 피로하다. 이런 상황에서는 서로가 서로에게 의지할 수밖에 없다. 그래서 전방으로 갈수록, 힘들수록 전우애가 강하다. 해병대가 그 좋은 예다.

게다가 보람도 크다. 군생활 할 때는 크게 못 느끼지만, 나중에 인생을 살아가면서 친구나 동료들과 어울려 술 한잔 기울일 때나, 아들 손자들에게 옛날이야기 들려줄 때쯤 되면 절실히 느낀다. 적어도 후방에서 심부름이나 청소만 하다 왔다고 할 일은 없으니 말이다.

전방! 나는 아직도 전방이 그립다. 동떨어지고 고립된 그 오지가 그리운 게 아니라, 언제나 생동하고 활기에 찬 병사들이 그리운 것이다. 어려운 가운데에도 동고동락하며 임무를 완수하고 불가능해 보였던 일들을 해냈을 때의 감격과 환희의 순간들이 그립다. 전방은 그런 곳이다. 힘든 만큼 여러분의 인생에 오래오래 간직될 그 무엇을 남겨주는 그런 곳이다. 열악한 여건 대신에 더 많은 것을 배우고 얻을 수 있는 곳이 바로 전방이다.

후방, 시설은 좋다

나에게 후방을 정의하라고 한다면 딱 잘라 이렇게 말하겠다. "시설은 좋다." 이 말은 시설만 좋고 나머지는 좋을 게 하나도 없다는 말이다. 너무 직설적인가? 후방에 복무하면 자주 듣는 소리가 "전방에 있는 애들은 고생하는데, 하는 게 뭐 있다고 농땡이냐"라는 말이다. 그만큼 임무의 중요도가 낮다는 말이다. 게다가 이 말에는 전방에서는 열악한 여건에서 고생하는데 거기에 비하면 천국 같은 시설에서 별로 고생도 하지 않는 게 못마땅하다는 뉘앙스도 깔려 있다. 그리고 하나 더! '시설 좋은데 뭘 더 바라나?'라는 의미도 담겨 있다.

　그렇다고 후방 부대의 중요성에 대해서 낮게 평가한다는 얘기는 아니다. 전방이든 후방이든 다 제 몫이 있는 법이고, 제 몫을 다해야 국가 안보가 보장될 수 있다. 여기에서는 근거 없는 후방 예찬론에 일침을 가하는 데 목적이 있음을 이해해주기 바란다.

　후방 부대들은 주로 교육기관이나 행정부대, 보급 또는 정비부대가 주류를 이룬다. 이런 부대에서는 대부분 간부들이 업무를 처리하고 병사들은 간부들을 보조하는 역할을 수행한다. 사무실 청소, 사무비품 정리, 각종 심부름 등. 그런 만큼 느슨하다. 육체적으로 편하다. 그러다 보니 딴 생각 할 시간도 많다. 어느 정도 부대에 적응됐다 싶으면 동료 병사들과 노닥거리는 여유도 부린다. 그럴 때면 간부들이 병사들을 찾으러 다니는 진풍경까지 연출되기도 한다. 교육훈련과 경계 임무의 주체인 전방 부대 병사들과는 180도 다른 모습이다.

후방 부대의 주 임무가 안보에 결정적인 영향을 미치거나 시급을 다툴 정도의 임무가 아니기 때문에 부대 간부들의 마인드도 전방 부대에 비해서는 여유로운 편이다. 또한 부대 업무를 수행하는 주체가 간부들이다 보니 병사들에 대한 관심도가 떨어지는 것은 당연하다.

뿐만 아니라 이곳은 주변이 도시와 인접해 있다. 부대 간부들이나 병사들의 마음이 분산되는 것은 당연하다. 전방 부대 간부들이 부대 임무 수행을 제외하면 나머지 시간을 병력 관리에 할애하는 것과는 대조적이다. 간부들의 관심이 저조할 경우에는 병사들 스스로가 독자적인 문화를 만들어간다. 물론 음성화된 문화다. 크고 작은 부조리나 불합리한 일들이 벌어져도 간부들이 쉽게 알 수 없다. 더욱이 간부들의 관심이 다른 데 가 있는 경우에는.

후방 부대에서는 몸은 편한데 마음은 불편하다. 사람은 딱히 정해진 일이 없을 때 잉여인간이 된 듯한 기분이 든다. 후방 부대의 병사들이 대체로 그렇다. 왠지 불편하다. 간부들은 뭔가 정신없이 일하기도 하고 정해진 업무가 있어서 거기에 집중하는데, 나에게는 그런 일이 없다. 그러다 보니 겉돌기도 한다. 몸이 편하면 하지 않을 생각들이 우후죽순으로 머리를 들쑤신다. 이렇듯 생기 없는 나날들이 쭉 이어지기 쉽다.

나, 국회의원 보좌관인데

포대장 시절의 얘기다. 난데없이 국회의원 OOO실이라고 하면서 전화가 왔다. 그런 전화를 자주 받아봤기에 놀랍지도 않았다. 그런데 초면부터 다짜고짜 반말에다가 어떤 병사가 너희 부대로 가니까 확인해서 연락 달라는 것이다. 나중에 육군본부에 근무하면서 알게 된 사실인데, 그 사람은 국회의원 보좌관이 아니라 국회 연락단으로 파견 나가 있던 장교(중령)였다. 국회의원 등에 업고 야전 말단 부대에 전화를 걸어 큰소리 친 셈이다. 나중에 그 병사가 우리 부대가 아닌 다른 부대로 분류된 사실을 알고 불쾌한 마음으로 통보해준 기억이 있다.

요점은 이렇다. 그런 식으로 청탁전화를 받으면 우선 지휘관인 내가 기분이 나쁘다. 계급으로 하대하고 나오는데 사람인 이상 절대 기분 좋을 리 없다. 두 번째는 그 병사가 평소에 아무리 모범적으로 생활을 잘 하고 있다고 하더라도 전화를 받는 그 순간부터 그 병사에 대한 선입견을 갖게 된다. 잘 해주고 싶은 마음도 싹 사라진다. '아 대단하신 분의 아들이구나'라는 생각이 들면서 상대적으로 그런 괜찮은 빽 하나 없이 군에 들어와 묵묵히 생활하는 병사들이 더 가엽게 여겨지고 측은해진다.

특별하다는 것은 특별히 좋다는 의미와 특별히 나쁘다는 의미 둘 다 일 수 있다. 위험한 줄타기라는 말이다. 자신의 능력으로 특별하게 된 사람은 당연히 특별히 좋은 편에 속한다. 그러나 타인의 힘으로 특별하게 된 사람은 특별히 좋을 수 없다. 사람들의 차가운 눈초리와 냉대를 받을 수밖에 없다. 청탁전화를 받게 되는 그 순간, 그 병사는 보통 병사에서 특별한 병사로 등극한다. 다른 업무도 태산이고 다른 병사들에게도 골고루 관심과 주의를 기울여야 할 마당에 특별히 그 병사에게 더 신경을 써야 한다는 것은 눈엣가시와 다를 바 없다. 물론 나는 그런 청탁전화를 모두 무시했다. 전화 건 사람까지도!

꽃 되려다 넝쿨 된다

요즘 병사들은 입대하기 전에 여러 가지 웹사이트를 돌아다니면서 '군생활 편하게 하는 요령'을 숙지하고 입대한다는 사실을 포대장을 하면서 알게 됐다. 인터넷이 발달하니 잔머리도 발달하는 셈이다. 문제는 군대가 그리 호락호락한 조직이 아니고, 간부들이 진짜와 요령을 구분 못 할 정도로 어리석지 않다는 점이다.

그런데도 인터넷에서 보고 배운 요령을 마치 자기만의 비기인 양 하나씩 하나씩 풀어놓는 병사들이 있다. 이게 안 되면 저걸로 시도한다. 야간 경계근무 나가서 게거품 물고 쓰러지기도 하고, 내무반에서 아무 이유도 없이 뒹굴뒹굴하기도 한다. 의도적으로 정신병자인 척하기도 한다. 공공연히 "죽고 싶다"고 떠벌려 분대원은 물론 부대 전 간부를 초긴장 상태로 몰아넣기도 한다. 들은 얘기로는 현역 복무 부적합 판정을 받고 전역하고 싶어서 일부러 미친 척하며 알몸으로 연병장으로 뛰어나가 똥을 싸는 병사도 있었다고 한다.

이런 병사들 중에서 편한 보직으로 조정받기 위해서 꾀를 부리는 경우가 종종 있다. 예를 들면 행정병이나 취사병 또는 정비병처럼 혼자 생활하는 보직으로 가려는 것이다. 선임병들의 간섭을 받지 않아서 좋고 힘든 훈련을 하지 않아서 더욱 좋다. 이를 위해서 할 수 있어도 못하는 척하고, 지휘관이나 간부들이 제일 긴장하는 '탈영'이나 '자살' 등의 암시를 동료 병사들에게 살짝살짝 흘린다. 그러면 아무리 괴팍한 선임병이라도 겁을 먹고 간부들에게 보고한다. 사고 예방이 무엇보다 중요한 부대 지휘관과 간부들로서는 속는 셈치고 마지못해 그의 소원을 들어준다. 결국 꿈은 이루어졌다.

그런데 한 번 자신의 자리에서 적응하지 못한 병사는 어느 자리에 가도 적응하지 못한다. 결국 행정병에서 취사병으로, 취사병에서 정비병으로 옮겨갔지만 전역할 때까지 그 모양이었다. 그런 약한 생각을 처음부터 극복했어야 했다. 좀 더 편해보려는 생각 때문에 그 병사는 선임병이 된 후에도 후임병들로부터 존중받지 못했을 뿐만 아니라 늘 겉도는 생활을 해야 했다. 꽃보직 찾으려다 배배 꼬인 넝쿨이 된 셈이다.

편하고자 한다면 고생길이 열리고,
이왕 하는 고생 사서 하자는 심정으로 하면
꽃길이 열린다.
부딪쳐봐라!
요리조리 어려움을 피하려고 하다 보면
삶 자체가 그렇게 된다. 하지만 군대생활은
누구로 피해갈 수 없는 담금질의 과정이다.
그 담금질에서 자신의 한계가 어디까지인지
테스트해봐라.

남들이 가지 않는 뒤안길에 꽃길이 있다

통상 남자들은 달성하기 쉬운 목표보다 어려운 목표를 선호한다고 한다. 왜냐하면 목표가 어려울수록 도전하고 싶은 욕구를 자극하기 때문이다. 그래서 목표를 달성하면 좋고, 실패한다고 하더라도 '원래 힘든 목표였기 때문'이라는 구실이 생기기 때문이다. 그런데 유독 군대생활만큼은 편하고 쉬운 길을 고집하려는 까닭은 무엇일까?

여러 가지 이유가 있겠지만 군대생활은 국방의 의무가 아니라면 안 해도 될 일이라는 인식 때문이다. 굳이 안 해도 될 일을 소중한 청춘의 2년을 희생하는 것만도 아깝다고 느끼기 때문이다. 이유가 어찌됐든 관계없다. 어떤 이유가 됐든 편하고자 한다면 고생길이 열리고, 이왕 하는 고생 사서 하자는 심정으로 가면 꽃길이 열린다는 사실이다. 이순신 장군의 "필생즉사 필사즉생必生卽死 必死卽生", 즉 "살고자 하면 죽고 죽고자 하면 산다"는 이치가 여기에도 그대로 적용된다 하겠다.

부딪쳐보라. 요리조리 어려움을 피하려고 하다 보면 삶 자체가 그렇게 된다. 하지만 군대생활은 누구도 피해갈 수 없는 담금질의 과정이다. 그 담금질에서 자신의 한계가 어디까지인지 테스트해보라. 여러분이 결코 약한 존재가 아님을 알게 된다. 그 담금질을 무사히 통과하게 되면 숯덩어리가 다이아몬드가 되듯 여러분 또한 강한 존재로 거듭나게 될 것이다.

PART 2

호모 밀리터리쿠스
Homo Militaricus

●

진화,
신병에서 병장까지

First Phase

신병: 나도 내가 이렇게 어리바리한지 몰랐어!

사복을 벗고 군복으로 갈아입은 단계다. 지금껏 살아온 세상은 딴 세상이 되어버렸고, 입소 직전까지의 추억과 기억들은 아련한 먼 옛날 얘기가 되어버렸다. 불과 몇 시간 만에! 전쟁 같은 비극이 아니고서야 살아가는 동안 시간관념이 이렇게 뒤틀리는 순간이 어디 있을까?

그뿐만이 아니다. 휘황찬란한 도시의 익숙한 풍경은 더 이상 찾아볼 수 없다. 시야에 들어오는 모든 광경이 단조롭다. 건물은 지은 연도를 가늠하기 힘들 만큼 오래됐다. 드넓은 공간에 건물보다는 나무들과 풀들이 더 많이 눈에 띈다. 학교 운동장과 다를 바 없는 누런 연병장도 왠지 다른 느낌으로 다가온다. 그런 환경들을 마치 당연하다는 듯이 까까머리에 어색하게 전투모를 눌러쓴 신병 대열이 힘차게 군가를 부르며 발맞춰 지나간다.

예상은 했지만 거뜬히 예상을 빗나간 풍경에 압도돼버리고 잠시 동안 충격에 빠진다. 겁이 난다. '잘 해낼 수 있을까? 이제 시작인데'라는 생각이 마구 뇌를 휘젓는다. 하지만 이런 감상도 잠시. 훈련소 조교들의 고함소리가 들리고 아직 그들의 언어가 생소한 나는 어찌할 바를 모른다. 사복에서 군복으로 갈아입고, 입고 온 사복을 포장하여 포장지 겉면에 집 주소를 적는 순간 눈물이 왈칵한다. 항상 마음속으로 걱정해왔던 '군 입대'란 놈이 현실이 돼버린 것이다.

그 다음부터 이어지는 신병 훈련! 제식 훈련, 내무생활, 군대 용어 등 모든 게 생소하다. 조교들의 고함소리에 뭘 어떻게 해야 할지 몰라 당황한 적이 한두 번이 아니다. 그렇게 정신없이 하루가 지나고 내무반에 불이 꺼진다. 얼마나 기다려왔던 시간인가? 얇은 군용 매트리스에 얇은 모포(군용 담요) 두 장을 덮고 누우니 그야말로 꿀만 같다. 이제 입소 첫날이 지났을 뿐인데 족히 1년은 지난 것처럼 하루가 이렇게 길 수 있을까? 잠에 빠져들어야 마땅하나 왠지 잠이 오지 않는다. 내일은 또 무슨 일들이 기다리고 있을지, 잘 해낼 수 있을지 걱정이다.

잠자리에 누워 그 짧았던 하루를 가만히 생각해본다. 사회에서는 어엿한 성인으로 내 할 일을 똑 부러지게 잘 해왔다고 생각했는데, 여기에서는 왜 이렇게 어리바리한지 이해가 안 된다. 캠코더로 녹화해서

나중에 본다면 아마도 배를 잡고 웃을 것 같다. 다른 동기들도 마찬가지다. 입소 전에 부모님과 함께 담소를 나누며 기념사진 찍던 자연스런 모습은 온데간데없다. 모두가 어색한 꼬마병정들이다.

여러분이 논산훈련소든 자대 신병교육대에 입소하게 되면 처음으로 경험하게 되는 일을 간략하게 소개해봤는데 어떤가? 여러분 같으면 좀 더 수월하게 적응할 수 있을 것 같은가? 신병 교육은 이렇게 여러분의 혼을 쏙 빼놓고 시작한다. 그래야 그 다음부터 이어지는 군인 만들기 프로젝트가 좀 더 수월해지기 때문이다. 다시 말해 여러분은 이제 사람에서 군인이 된 것이다. 예전에 어르신들이 군인이 민간인과 함께 가는 모습을 보고는 "저기 군인하고 사람 간다"라고 했던 말은 이제 여러분에게 해당되는 말이다. 이제 여러분은 사람이 아니라 군인이 된 것이다. 축하한다!

걱정할 것 없다. 시작이 반이라고 했던 말 기억하는가? 군복으로 갈아입는 순간 여러분은 군인이 된 것이고, 군복무 2년이라는 기나긴 험난한 여정에 그 첫발을 내딛었다. 그것으로 여러분은 군생활을 반이나 한 것과 다름없다. 둘째 날부터 이어지는 각종 교육과 훈련은 군인이라면 그게 장교든 부사관이든 병사든 누구나 공통적으로 알고 있고 알고 있어야 하는 기본 중에서도 기본만 추려낸 것들이다. 예를 들면, 제식 훈련과 내무생활, 사격술이나 수류탄 투척, 각개전투, 행군 등이 바로 그것이다. 처음 접하는 생소함을 제외하면 누구나 쉽게 해낼 수 있는 것들이다. 이 과정을 거쳐야만 여러분은 진정한 군인으로 탈바꿈하게 되고, 야전 부대에서 본격적인 군생활을 해나갈 수 있는 자격을 갖추게 되는 것이다.

귀가 솔깃한 팁 하나를 선사하겠다. 신병 훈련을 기똥차게 잘 받아 훌륭한 군인의 자질을 인정받게 되면 여러분도 빨간 모자를 쓰고 여러분과 같은 신병들을 훈련시키는 조교가 될 자격이 부여될 수도 있다는 사실이다. 여러분이 잘 알고 있는 연예인 권상우, 천정명, 유승호가 이런 케이스다. 여러분도 할 수 있다. 꼭 도전해보기 바란다.

Second Phase
이등병: 바닥부터 다시!

신병 교육이 뭐라고 고작 4주 훈련에 이렇게 정이 들었을까? 막상 신병 교육을 수료하고 배치받은 자대로 가자니 처음 입대할 때의 두려움이 엄습한다. 그동안 동고동락했던 동기들과 헤어지는 것도 슬프고, 정들었던 훈련소 또는 신병교육대를 떠나기가 왠지 아쉽다. 여기에서 2년 동안 군대생활을 쭉 할 수 있다면 얼마나 좋을까?

이런 생각을 하고 있다 보면 동기들도 한두 명씩 사라져간다. 이젠 이별의 아쉬움보다 내가 가게 될 부대가 부디 좋은 부대이기를, 좋은 사람들이 가득하기를 자동으로 기도하게 된다. 신앙이 있든 없든 간

이등병은 바닥부터 다시 시작하는 계급이다.
빗자루질, 걸레질 하나하나까지 그 부대만의 룰과 규범을 배우고
익혀나가야 한다. 물론 매사에 신병다운 패기와 빠릿빠릿한 모습은
기본 중에 기본이다. 그렇다고 너무 겁먹지 않아도 된다.
중대장, 소대장을 비롯한 모든 간부들과 분대장, 선임병들이
부대에 잘 적응하고 전투원의 일원으로 성장해나가고
아울러 홀로서기를 할 수 있도록 지도해주고 돌봐줄 테니까.

에! 그렇게 기다리다 보면 천사일지도 모르는 혹은 저승사자일지도 모르는 사람이 여러분을 데려간다. 또 다른 미지의 세계로! 최종 종착지이자 평생의 추억으로 간직될 잊지 못할 그곳으로!

두려움 반 기대 반으로 도착한 곳은 남은 복무 기간 동안 생활하게 될 '자대'라는 곳이다. 군대 조직의 가장 작은 단위는 10명 안팎으로 편성된 분대다. 분대가 4개 모여 소대가 되고, 소대가 3개 모여 중대가 된다. 중대가 3개 모여 대대가 되고, 대대가 3개 모여 연대가 된다. 연대 3개가 모여 사단을 구성한다. 이중에서 여러분은 분대에 소속되고, 통상 중대 단위로 생활하게 된다. 즉, 100여 명 정도 되는 중대원들과 함께 동고동락하게 된다는 뜻이다.

전입 첫날은 신병 첫날과 별반 다르지 않다. 인생살이도 마찬가지 아닌가? 대학교 1학년 신고식도 예상만큼 만만치 않았던 기억을 떠올려보라. 취직을 해도 마찬가지다. 첫날 신고식은 정신없이 지나간다. 대대장, 중대장, 소대장 순으로 신고식을 치르고 나면 최종적으로 소대원들 앞에서 소개 시간을 갖는다. 사람은 첫인상이 중요하다는 말을 자주 들었을 것이다. 유명한 책 『끌리는 사람은 1%가 다르다』에서 이민규 박사는 사람들이 첫인상을 형성하는 데 걸리는 시간은 4초밖에 되지 않는다고 주장한다.

그렇다면 이때가 바로 그 말을 실천해야만 하는 절호의 유일한 기회다. 나는 인생의 절반은 '쇼'라고 생각한다. 때로는 내가 아닌 내가 되어 살아가야 한다는 말이다. 여러분이 외향적이든 내성적이든 지금 이 순간만큼은 모두 외향적인 모습이 되어야 한다. 밝고 패기 있고 씩씩한 모습으로 소대원들에게 첫인상을 심어줄 수 있어야 한다. 그 이미지가 여러분의 부대 적응의 성패를 좌우한다. 입장을 바꿔 여러분이 신병을 바라보는 선임병의 입장에 서보라. 어떤 신병에게 마음이 가겠는가? 지금부터 이미지 트레이닝을 해보며 좋은 첫인상 심어주기 위한 준비를 하는 것도 나쁘지 않다.

이렇게 해서 신고식은 모두 끝났다. 이제부터가 본격적인 이등병 생활의 시작이다. 신병 교육은 말 그대로 군인으로서의 교양에 불과하다. 지금부터는 신병 교육을 밑천 삼아 부대의 어엿한 일원으로 자리매김하는 길고 험난한 여정을 시작해야 한다. 여러분이 부대의 제일 졸병임은 새삼 언급할 필요도 없을 것이다. 여러분은 빗자루질, 걸레질 하나하나까지 그 부대만의 룰과 규범을 배우고 익혀나가야 한다. 물론 매사에 신병다운 패기와 빠릿빠릿한 모습은 기본 중에 기본이다.

그렇다고 너무 겁먹지 않아도 된다. 여러분은 중대장, 소대장을 비롯한 모든 간부들과 분대장, 선임병들의 관심 대상이다. 여러분이 부대에 잘 적응하고 임무 수행이 가능한 전투원의 일원으로 성장해나가고 아울러 홀로서기를 할 수 있도록 지도해주고 돌봐주는 것이 이들의 책임이기 때문이다. 여러분이 인지하지 못해도 이들은 여러분의 일거수일투족을 모두 모니터링하고 있다. 그런 만큼 여러분은 혼자가 아니라고 생각해도 좋다. 굳이 티 나게 표현하지 않더라도 여러분이 믿고 의지할 수 있는 사람들이 있다는 사실을 명심하고 편안하게 부대생활에 적응해나가기 바란다.

신병 교육은 군인으로서의 교양일 뿐이다. 자대에서는 여러분을 진정한 전투원으로 거듭나게 하기 위한 교육과 훈련이 진행된다. 그것이 바로 '주특기 훈련'이다. 신병 교육을 마치면 군대생활 내내 꼬리표처럼 따라다니는 '주특기'라는 것을 부여받게 된다. 주특기에 따라 암호 같은 여섯 자리 숫자, 예를 들면 111-101(소총수), 131-101(전포)과 같은 주특기 번호가 주어진다. 주특기는 군인으로서 여러분의 정체성을 규정한다. 다 같은 군복을 입었다고 해서 다 같은 임무를 수행하는 게 아니라, 각자 고유의 임무가 정해져 있음을 뜻한다. 주특기를 제대로 숙달할 때 여러분은 진정한 전투원으로 거듭나게 되는 것이다. 주특기 훈련은 부대 교육훈련의 핵심이기 때문에 간부들의 교육과 선임병들의 노하우를 전수받아가며 조금씩 익히고 숙달해나가면 된다.

주특기 훈련이 중요한 게 사실이지만, 그보다 더 자질구레하게 신경 쓰고 주의를 기울여야 할 일들이 태산처럼 쌓여 있다. 내무생활 요령 하나하나부터 선임병이나 상급자를 대하는 방법, 말하는 방법, 보고하는 방법, 청소와 경계작전 요령, 작업할 때의 삽질과 곡괭이질 요령까지. 저마다 방법과 요령이 따로 있다. 모든 부대가 똑같이 하는 일이지만 부대마다 약간씩 다른 부분들도 존재한다. 개성 또는 고유

한 문화라고 표현하면 될 듯하다. 같은 김치라도 각 지방마다 조금씩 다른 것과 같은 이치다. 이는 나름대로의 전통이 쌓이고 쌓여 만들어진 것인 만큼 부대원들의 자부심이기도 하다. 따라서 여러분이 진정으로 그 부대의 일원으로 거듭나기 위해서는 이를 배우고 몸에 익혀나가는 과정이 필요하다.

잘 알다시피 이등병은 바닥부터 다시 시작하는 계급이다. 그래서 몸도 마음도 힘들고 피곤하다. 물론 워낙 긴장하고 정신없이 지나가는 탓에 피곤한지도 모르고 하루하루가 지나갈 것이다. 하지만 이 과정을 잘 인내해가며 배우는 것 하나하나를 온전히 내 것으로 만들어갈 때 비로소 제 몫을 하는 한 명의 전투원으로 홀로서기를 할 수 있다. 부대원과 간부들의 인정을 받으며 멋들어진 군대생활을 영위해나갈 수 있게 된다.

Third Phase
일병: 낀 세대는 괴로워

군대생활을 해보지 않은 사람들은 이등병이 가장 밑바닥에 있는 만큼 가장 힘들 거라고 생각한다. 그러나 가장 힘든 시절은 이등병을 지나 일병이 되고 나서부터다. 일병은 이등병의 로망이고, 한 계급 진급해서 밑에 새로 들어온 이등병들도 있는데 뭐가 힘든지 이해가 되지 않

가장 힘든 시절은 이등병을 지나 일병이 되고 나서부터다.
이등병 시절 때는 관심의 대상이었던 만큼 간부들이나 선임병들이
잘 대해줬지만 지금은 철저히 혼자다.
이등병들이 잘못하면 대표로 혼나는 것은 일병들이다.
게다가 정신없이 지나간 이등병 시절과는 달리
지금은 생각할 여유로 생겼다. 그러다 보니 정신없던 시절에는
마냥 흘려 넘겼던 힘듦과 피로감을 이제야 느낀다.
남은 군생활이 까마득해 보인다.
이 시절이 심적으로 가장 힘든 시절이다.
이 시절의 위기를 잘 극복해야만 한다.

는다고?

필자가 육사 생도였을 때의 예를 들어 설명해볼까 한다. 생도들은 각 학년마다 부르는 명칭이 따로 있다. 물론 비공식적인 명칭이지만 오랜 전통으로 내려온 이 명칭만큼 각 학년의 특성을 가장 잘 표현해주는 것은 없는 듯하다. 먼저 1학년은 두더지다. 바닥에서 상급자들 눈치 보며 발 빠르게 움직이는 모습이 두더지의 모습과 일맥상통한다. 2학년은 빈대다. 1학년들의 피를 빨아먹고 산다고 해서 붙여진 이름이다. 그래서 1학년들은 2학년들을 가장 무서워하고 싫어한다. 기피대상이 바로 2학년이다. 3학년은 DDT다. 흡혈귀처럼 1학년들의 피를 빨아먹고 괴롭히는 2학년 빈대들을 죽인다는 의미에서 붙여진 이름이다. 참고로 DDT는 살충제를 뜻한다. 끝으로 4학년은 놀부다. 이미 1·2·3학년의 험난한 과정을 다 겪어봤기 때문에 하급생도들의 일에는 무관심하다. 단지 하급생들이 챙겨주는 것은 다 챙겨먹는다. 그래서 붙여진 이름이 놀부다.

일병과 생도 2학년의 모습은 거의 같다. 일병의 심리를 살펴보자. 이등병 시절에 일병들에게 꾸지람도 듣고 혼도 나가면서 부대생활의 모든 것을 익혔다. 이를 악물며 버티고 버텨서 드디어 일병 계급장을 달았고, 드디어 이등병들을 지도할 수 있는 위치에 선 것이다. 그동안 당한 모든 설움을 이등병들에게 한풀이할 수 있게 됐다는 말이다. 그런데 이게 쉽지 않다. 위에는 상병들이 버티고 있다. 그들은 내가 이등병 시절 때의 일병들이며, 지금 이등병들을 관리하고 보호해줄 부분대장의 임무를 수행하고 있다. 3학년 생도를 DDT라 부르는 것을 생각해보라. DDT의 박멸 대상은 두더지가 아니라 빈대였다. 마찬가지로 일병들이 날뛰면 상병들이 가만있지 않는다.

이등병들이 잘못하면 대표로 혼나는 것은 일병들이다. 제대로 지도하지 못했다는 것이다. 반대로 정성과 열정을 다해 이등병들을 지도하려고 하면 혹여 도를 지나치지 않을까 제지당하기 일쑤다. 제대로 가르치지도 못하게 하고, 그래서 이등병들이 어리바리 실수라도 하면 모든 책임은 일병이 지게 된다. 환장할 노릇이 아닌가?

거기에다 이등병 시절 때는 관심의 대상이었던 만큼 간부들이나 선임병들이 잘 대해줬지만 지금은 철저히 혼자다. 마치 새로 태어난 동생에게 사랑을 뺏긴 격이다. 아무도 내 목소리를 들어주지 않고, 내 편이 되어주지 않는다. 게다가 정신없이 지나간 이등병 시절과는 달리 지금은 생각할 여유도 생겼다. 그러다 보니 정신없던 시절에는 그냥 흘려 넘겼던 힘듦과 피로감을 이제야 느낀다. 남은 군생활이 까마득해 보인다. 이 시절이 심적으로 가장 힘든 시절이다. 이 시절의 위기를 잘 극복해내야만 한다.

포대장 시절에 있었던 일이다. 상습적으로 게거품 물고 쓰러지던 병사가 있었다. 이등병 때부터 쭉 그래 왔지만, 그 병사의 나약한 태도 외에는 별다른 문제가 없었기에 특별한 조치 없이 약간의 관심을 둔 상태에서 관찰해왔던 터였다. 그런데 하루는 경계초소에서 또 거품 물고 쓰러졌다는 연락이 왔다. 혹시나 하여 함께 경계 나갔던 선임병과의 관계에서 부조리가 있었는지를 조사했으나 일체 없었다. 일단 내무반으로 옮겨 군의관 진료를 받게 했는데 별다른 특이점을 찾지 못했다.

이런 상황에서 지휘관의 감이 작동한다. 워낙 병사들을 많이 봐왔기 때문에 알 수 있는 직감 같은 것인데, 그 병사는 꾀병임에 틀림없었다. 하루는 내무반을 둘러보는데 모두가 연병장에서 훈련하고 있는 시간에 그 병사만 내무반에 누워서 휴식을 취하고 있었다. 그 모습을 보고 나서 행정보급관에게 이런 말을 했다. 저 병사의 병은 상병이 되면 다 나을 병이라고. 그런 일이 있고 나서 얼마 뒤에 나는 다른 사단으로 부대를 옮겼다. 그리고 얼마 지나지 않아 행정보급관에게서 안부 전화가 왔다. 통화 말미에 그 병사 얘기가 나왔는데, 상병이 되고 나서부터는 언제 그랬냐는 듯 생활을 잘 한다고, 아니 못된 시어머니처럼 올챙이 시절 생각 못 하고 후임병들을 힘들게 한다고 했다.

이처럼 일병이 힘든 것은 위아래로 낀 계급이기 때문에 그렇다. 여기에다 지금까지도 힘들게 지내왔는데 앞으로 남은 날들이 더 많다는 사실을 생각하니 막막하고 답답한 심리적 요인이 추가된다. 이런 이유로 이등병보다는 일병일 때가 가장 위험한 시기라고 볼 수 있다. 사춘기 청소년들처럼 가장 날카로울 때인 만큼 선임병들의 부주의한 말한 마디가 큰 사고를 불러올 수 있는 시기다. 2005년에 발생한 경기도 연천 530GP에서의 총기 난사 사고도 일병이 저지른 일임을 명심해야 할 것이다.

노련한 지휘관이나 간부들이라면 일병들을 관심 있게 지켜보며 면담을 하거나 고충을 들어줄 것이다. 설령 그렇지 않더라도 여러분 각자가 이 상황을 잘 극복해나가야 한다. 이런 상황에서 가장 도움이 되는 존재가 바로 동기들이다. 말이 통하고 허심탄회하게 속마음까지 털어놓을 수 있는 존재, 그리고 가장 건전하고 현실적인 대안과 충고를 해줄 수 있는 존재가 바로 동기들이다. 백짓장도 맞들면 낫다고 한 속담처럼 고민이나 아픔은 나누면 반이 된다. 절대 혼자 앓지 말고 나눠라!

또 때로는 의지할 만한 선임병이나 간부들에게도 적극적으로 고민을 호소해라. 분명히 얘기하지만 간부들은 언제나 열려 있다. 여러분이 찾아와주기를 기다리고 있다는 말이다. 여러분이 찾아와 얘기하지 않으면 간부들은 알 수가 없는 노릇이다. 그러니 간부들을 잘 활용하기 바란다. 그들이 존재하는 이유는 여러분 위에 군림하라고 있는 것이 아니라 여러분이 성공적으로 군복무를 다하고 무사히 부모님 품으로 돌아가도록 하는 데 있다.

이런 과정을 거치면서 여러분은 알게 모르게 많이 성장했음을 느끼게 된다. 아픔만큼 성숙해지는 법이다. 좀 더 큰 관점에서 군대생활을 관조할 수 있는 안목이 생기고 즐길 수 있는 여유가 생기게 된다. 부디 이 과정을 슬기롭게 이겨내기 바란다.

Forth Phase
상병: 드디어 꺾어지다

계급이 사람을 만들고 직책이 사람을 만든다는 생각을 종종 할 때가 있다. 그 전에는 별로였던 사람이 진급하고 나서 혹은 어떤 직책을 맡고 나서부터 생판 딴 사람이 된 경우를 볼 때다. 물론 좋은 의미에서의 변화를 말한다.

일병에서 상병으로의 진급은 바로 이런 의미가 있다고 할 수 있다. 이등병이나 일병 때는 후임병이라는 수식어가 따라다닌다. 아직은 어리고 뭔가 부족하다는 얘기다. 하지만 상병이 되면 단지 계급장만 바꿔 달았을 뿐인데 좀 더 어엿하고 듬직해 보인다. 중요한 것은 행동거지에도 의미 있는 변화가 나타난다. 훈련이나 내무생활, 전반적인 부대생활에 좀 더 숙달되고 능숙해진 모습을 보인다. 단지 계급장만 바꿔 달았을 뿐인데!

그렇게 간단히 넘길 만큼 단순한 문제는 아니다. 상병이 됐다고 해서 여러분이 외적으로 크게 달라지지는 않는다. 중요한 것은 마음가짐과 태도 등 심리적 측면에서의 변화다. 먼저, 군인들만의 용어로 '꺾

상병은 병장과 후임병들을 잇는 다리의 역할을 한다.
병장들이 분대장으로서 분대를 지휘할 때 상병들은 부분대장으로서
분대장을 보좌하여 각종 임무를 수행한다.
병장들이 엄한 아버지라면 상병들은 자상한 어머니로서
후임병들을 보살피고 다독인다.
중간 관리자들은 위와 아래의 상반된 의견이나 감정적인 부담들을
모두 떠안아야 한다. 그러나 이 과정을 통해 개인적으로 성장하고
장차 분대장, 즉 리더가 되는 소양을 갖추어나가게 되는 것이다.

어졌다'라고도 표현하는 이른바 중간 반환지점의 통과다. 상병으로 진급하면서 군복무 기간의 절반을 돌아 이제 결승선으로 달리기 시작한 것이다. 이 사실만으로도 마음에 여유가 생긴다. 일병 시절의 우울함과 고민들이 한방에 날아간다. 앞서 예를 든 병사가 상병이 되면서 말끔히 나았다는 것은 이를 반증하는 좋은 예다.

다음으로는 선임병에게 따르는 책임감과 의무감을 인식하게 된다. 위로는 여전히 병장들이 있지만, 아래로는 돌보고 관리하고 지도해야 할 이등병과 일병들이 수두룩하다. 이들에게 선임병다운 면모를 보여야만 존경받을 수 있음은 당연지사다. 아울러 선임병으로서의 역할에 충실해야만 병장들이나 간부들로부터 인정받을 수 있다. 이런 이유로 행동거지에 좀 더 품위가 생기고 무게감이 느껴진다. 마지막으로는 전역이라는 문제가 피부로 와 닿는다. 후임병 시절에 마냥 꿈꾸며 기대했던 전역이지만 상병이 된 이후의 전역은 또 다른 의미를 갖는다. 즉, 전역 이후의 삶과 직결되는 문제이기 때문이다. 그런 만큼 좀 더 앞날을 내다보며 진지한 자세로 부대생활에 임하게 된다.

그렇다면 상병이 되면 어떤 일을 주로 하게 될까? 상병은 병장과 후임병들을 잇는 다리의 역할을 한다. 병장들이 분대장으로서 분대를 지휘할 때 상병들은 부분대장으로서 분대장을 보좌하여 각종 임무를 수행한다. 병장들이 엄한 아버지라면 상병들은 자상한 어머니로서 후임병들을 보살피고 다독인다. 이 과정에서 주요 제재 대상이 일병들임을 앞서 언급한 바 있다. 이는 차후에 언급하겠지만 조직에서의 중간 관리자 역할과도 비슷하다. 지시를 내리는 리더는 참 쉬울 수 있다. 그러나 그것을 실천으로 옮겨야 하는 중간 관리자들은 위와 아래의 상반된 의견이나 감정적인 부담들을 모두 떠안아야 한다. 그런 만큼 결코 쉬운 일이 아니다. 그러나 이 과정을 통해 개인적으로 성장하고 장차 분대장, 즉 리더가 되는 소양을 갖추어나가게 되는 것이다.

상병! 할 만큼 했고 동시에 충분히 기다릴 수 있을 만큼 군생활이 남아 있는 시점이다. 인생도 반환점을 돌면 시간이 빨리 가듯 군생활도 마찬가지다. 반환점을 돈 이상 시간은 빨리 간다. 힘들어도 골인 지점만 생각하면 입가에 미소가 그려진다. 그래서 하루하루가 더 즐거울 수 있는 계급이다. 뭘 해도 흥이 나고 신나게 할 수 있는 계급이며, 그래서 부대의 분위기를 메이크하는 계급! 그들이 바로 상병이다.

Final Phase
병장: 진화의 끝, 다시 사람으로!

병장! 호모 밀리터리쿠스 진화의 종착역이다. 이는 곧 완성을 뜻한다. 병사 생활의 완료임과 동시에 한 명의 군인이자 전투원으로서의 완성이다.

그래서 병장들에게 주어지는 직책이 바로 분대장이다. 그들의 양 어

병장은 병사 생활의 완료임과 동시에
한 명의 군인이자 전투원으로서의 완성을 뜻한다.
그래서 병장들에게 주어지는 직책이 바로 분대장이다.
병장들이야말로 병 생활에 대해서 누구보다 잘 알고 주특기를 비롯한
전투기술에 있어서도 가장 완숙한 경지에 다다른 사람들이다.
다른 무엇보다 리더로서의 경험을 해본다는 것에 큰 가치를 두고 싶다.

께에는 지휘자의 상징인 녹색 견장이 수여되고, 1개 분대원의 생사와 운명을 좌우하는 막중한 책임이 주어진다. 병장들이야말로 병 생활에 대해서 누구보다 잘 알고, 주특기를 비롯한 전투기술에 있어서도 가장 완숙한 경지에 다다른 사람들이기 때문이다.

다른 무엇보다 리더로서의 경험을 해본다는 것에 큰 가치를 두고 싶다. 학교에서 반장, 부반장 못 해본 사람들이 얼마나 많은가. 게다가 평소에 사람들 앞에 나서서 발표를 하거나 이끌어본 경험이 전혀 없는 사람들, 자신은 그런 것과는 거리가 먼 성격이라고 믿어왔던 사람들은 또 얼마나 많은가. 하지만 이런 평범한 사람들이 녹색 견장을 차고 훌륭하게 리더로서 임무를 수행하고 전역한다. 이는 잠재된 능력을 발견하여 개발하고 그 가능성을 확인한다는 측면과 그 재능으로 부대 전투력 향상에 기여한다는 측면에서 개인과 부대가 서로 윈윈하는 매우 바람직한 경우라 할 수 있다.

아울러 병장은 군생활을 마무리하는 단계다. 그간의 군생활이 좋았든 싫었든 유종의 미를 거두고 떠나야 한다. 그런 까닭에 많은 병사들이 자신이 알고 있는 모든 경험과 노하우를 후임병들에게 전수하고, 심지어 훈련이 있을 경우에는 전역을 하루 이틀 연기해가면서까지 마지막 투혼을 발휘한다. 이것이 여러분이 지옥보다 가기 싫어했던 군대에서의 마지막 모습이다. 아닐 것 같다고? 직접 경험해보라. 이 말이 틀리지 않음을 여러분 스스로가 증명하게 될 것이다.

내가 병장들에게 늘 당부했던 사항이 있다. 그것은 "떨어지는 낙엽도 조심하라"라는 얘기다. 이 말을 우습게 봤다가 큰 코 다친 경우를 수없이 봐왔기 때문이다. 이런 부류는 대체로 유종의 미를 거두려는 대부분의 병사들과는 달리 "모든 게 끝났다"는 생각에 방심하고 긴장의 끈을 놓은 소수에 해당된다.

화천에서 포대장 할 때의 일이다. 평소에도 덜렁덜렁하던 병사였는데, 전역이 며칠 남지 않은 상황에서 사고가 났다. 맨발에 슬리퍼를 신고 PX에서 양손 가득 아이스크림을 사들고 오다가 막사 현관에서 미끄러져 얼굴을 철문에 그대로 갈고 말았다. 그 결과 마치 터미네이터처럼 뼈가 보일 정도로 깊게 볼 살이 베었다. 그 후 바로 군 병원으로 이송되어 봉합수술을 받았지만 완전히 치유될 때까지 전역이 연기되고 말았다. 이것이 전역 전 방심한 자의 말로다. 경종이 되었으면 한다.

이렇게 하여 여러분은 호모 밀리터리쿠스로서의 진화를 마치게 된다. 그리고 다시 인간으로 부활하게 된다. 입대 전과는 완전히 달라진 모습으로!

호모 밀리터리쿠스의 하루

기상나팔이 울리면

여러분의 하루는 몇 시에 시작되는가? 직장인이 아니라면 해가 중천에 뜨고 더 이상 자는 게 무의미하다 싶어 눈을 뜨는 시점이 하루의 시작이 아닌가? 입대 전까지 이런 생활을 유지한다면 곤란하다. 앞에서 얘기했듯이 군 입대와 동시에 여러분은 심한 문화충격을 경험하게 된다. 여기에 더해 외국에 나간 것도 아닌데 시차적응에 어려움을 겪는다.

군대의 하루는 요란한 기상나팔 소리와 함께 아침 6시 30분에 시작된다. 어느 정도 시간이 지나면 적응이 되어 무감각해지겠지만, 처음 얼마 동안은 기상나팔 소리가 마치 공포의 소리로 들릴 것이다. 달콤한 잠을 방해하고 괴로운 하루를 여는! 재밌는 사실은 처음 얼마 동안 여러분은 기상나팔이 울리기도 전에 잠에서 깨어 기상나팔이 울리기를 기다리는 자신을 발견하게 된다는 점이다. 입대 전에는 있을 수 없는 얘기다. 이와 같은 충격을 최소화하고 자연스럽게 적응할 수 있는 간단한 방법이 있다. 기상소리 알람시계를 사서 입대 전 약 3개월 전부터 6시 30분에 일어나는 연습을 하는 것이다. 남들보다 산뜻하게 아침을 맞이하는 이점을 누리게 될 것이다.

이렇게 매일같이 간 떨어지는 듯한 심정으로 일어나면 간단히 침구를 정돈하고 전투복으로 갈아입은 후 30분 후에 있을 아침점호에 참석할 준비를 한다. 정식 일과가 9시부터 시작되지만 8시 30분에 모두 모여 그날 있을 일과에 대한 설명과 지시사항, 강조사항 등을 교육받기 때문에 기상 후 2시간 만에 씻고 청소하고 밥 먹고 일과 참석 준비를 모두 마쳐야 한다. 그래서 기상 후부터 점호 참석 전까지의 짧은 시간을 얼마나 알차게 보내느냐에 따라 다소 여유 있게 일과를 준비할 수 있는 여건이 보장된다.

아침점호는 일종의 의식이다. 매일 하다 보면 그저 인원 이상 유무를 확인하는 번거로운 절차 정도로 인식되기도 한다. 하지만 한 사람 한 사람이 전투력인 군대에서는 야간에 발생한 인원 변동이나 환자 유무를 확인하는 것은 매우 중요한 과정이다. 그 외에도 하루를 열면서 군인으로서의 본분과 사명을 되새기는 시간이기도 하다.

여기에 한 가지 중요한 팁이 있다. 『손자병법孫子兵法』에 보면 "기氣는 아침에 가장 날카롭고, 낮이 되면 점점 약해져 저녁이 되면 소멸된다"
는 말이 있다. 이는 전쟁이든 사람이든 시작하는 순간의 기가 가장 사
납다는 뜻이다. 이를 실생활에 대입해 생각해보면 잠에서 막 깨어난
시간이 사람들의 심기가 가장 날카로울 때임을 알 수 있다. 이때 선임
병이나 동료들의 심기를 불편하게 만드는 말이나 행동을 하면 자칫
큰 사고로 이어질 수도 있다. 경험상 이 시간대에 크고 작은 부조리들
이 많이 발생했다는 것을 여러 가지 조사를 통해 알 수 있었다. 아침
부터 얼굴을 붉히면 하루가 좋을 리 없다. 선임병이든 후임병이든 서
로서로 조심할 때 아무 탈 없이 하루를 시작할 수 있음을 꼭 명심하기
바란다.

이렇게 아침점호가 끝나면 세면, 간단한 청소와 정리정돈, 아침식
사, 그리고 부대마다 차이는 있겠지만 야간작전에서 주간작전으로 전
환하는 일련의 과업 등 일상적인 일들이 이루어진다. 병영의 하루는
이렇게 분주하면서도 나름대로 절도 있게 시작된다.

교육훈련을 통해
비로소 군인이 되다

전쟁이 없는 평상시 군인이 전념해야 할 일은 오직 훈련밖에 없다. 장
교들이 전략·전술을 생각하고 고민할 때, 병사들은 전투기술을 연마

하고 숙달해야 한다. 이를 위해서는 반복하고 또 반복하는 것이 최선이다. 전쟁과 같은 우발 상황에서도 침착함을 유지하면서 최고의 전투 기량을 발휘하기 위해서는 전투기술이 완전히 몸에 배어야만 가능하기 때문이다. 일본 최고의 검객 미야모토 무사시宮本武蔵가 "1천 일의 연습을 단鍛이라고 하고, 1만 일의 연습을 련練이라고 한다"라고 한 말도 같은 맥락이다.

교육훈련은 군인이라면 병과를 막론하고 누구나 통달하고 있어야 하는 병 기본 훈련, 병과별 임무 수행에 필요한 주특기 훈련이 주축이 된다. 병 기본 훈련과 주특기 훈련이 완료되면 팀 단위 훈련으로 통합되고, 이는 다시 중대 단위 종합 팀 훈련으로 완성된다. 여기까지는 어디까지나 주둔지에서의 훈련이다. 이를 실제 야지에서 실제 전투 상황과 가장 흡사하게 훈련하고 숙달하는 것이 바로 전술 훈련이다. 중대는 3개월 단위로, 대대는 6개월 단위로 반복된다. 오직 반복 숙달의 연속이다. 전역과 신병 전입으로 인한 전투력의 공백이 지속적으로 발생되므로 평균 이상의 전투기량을 유지하기 위해서는 반복 숙달 밖에는 달리 방도가 없다.

이 시간, 교육훈련을 통해 여러분은 비로소 자신이 군인임을 실감할 수 있다. 선·후임병들과 더불어 훈련하며 부대끼고 함께 땀 흘리면서 자연스럽게 동료애와 전우애가 싹튼다. 선임병들은 후임병들에게 자신이 알고 있는 노하우를 전수해줌으로써 후임병들을 자세히 알아가고, 후임병들은 선임병들로부터 배우면서 선임병들의 진가를 인정하고 존경하게 된다. "군대에 오면 나이를 생각하지 말라"는 말의 의미를 비로소 알게 된다. 비록 나이는 나보다 어려도 선임병은 어쩔 수 없이 선임병임을 인정할 수밖에 없게 된다.

그래서 현명한 지휘관이라면 공포 분위기를 조성해서 군기를 잡으려 하지 않는다. 이는 하수의 방법이고 더 많은 문제를 초래하는 방법이다. 오직 교육훈련을 통해 부대의 기강과 군기를 확립한다. 교육훈련을 통해 자연스럽게 기강이 확립되고 군율이 바로 서기 때문이다. 군기가 빠졌다는 말은 후임병이 후임병답지 않고 선임병이 선임병답지 않다는 말과 같다. 이것을 바로잡는 것은 꾸지람도 아니고 얼차려도 아니다. 오직 교육훈련을 통해서만 진정한 '다움'을 이끌어낼 수 있다.

그렇다고 겁먹지 마라. 교육훈련은 말 그대로 교육이다. 배움이라는 말이다. 학교에서의 배움과 하등 다를 바 없다. 단지 싸움의 기술을 배운다는 점, 머리보다는 몸으로 익힌다는 점만 다를 뿐이다. 학교에서의 배움은 여러분의 생계를 보장해주지만, 군대에서의 배움은 전쟁에서의 생존을 보장해준다. 무엇이든 배워서 남 주는 것은 없다. 듬직한 후임병으로 인정받기 위해, 훌륭한 선임병으로 존중받기 위해, 멋진 군인이 되기 위해, 나아가 전쟁에서 살아남고 나라를 지키기 위해 배우고 익혀라. 배움은 절대 여러분을 배신하지 않는다.

체력단련은 not only 국력 but also 재미

앞에서 교육훈련이 학교에서의 배움과 같다고 언급했는데, 일과를 '오전 학과', '오후 학과'로 구분하는 것도 유사한 점 중의 하나다. 교육훈련은 오전 학과 4교시와 오후 학과 2교시 동안 진행되고, 나머지 오후 학과 2교시는 체력단련 시간이다. 체력단련 시간은 하루 일과 중에서 병사들이 가장 기다리는 시간으로, 이 시간이 있기에 교육훈련의 고단함을 참아낼 수 있는 건지도 모르겠다.

체력단련은 말 그대로 병사들의 체력을 향상시키는 데 주목적이 있다. 2002년 월드컵에서 우리나라가 4강의 기적을 이룰 수 있었던 것이 히딩크 감독의 체력강화 훈련에 힘입은 바 크다는 사실은 익히 알려진 사실이다. 테크닉도 중요하지만 승부를 결정짓는 것은 체력임을 축구를 해본 사람은 다 알 것이다. 하물며 인간이 처할 수 있는 극도의 악조건인 전쟁 상황에서 자신을 지탱하고 부대의 전투력을 유지해나갈 수 있게 만드는 핵심 요소가 체력임은 두말할 필요 없이 자명한 사실이다. 이는 주둔지를 벗어나 야지에 나가 전술 훈련을 한번 해보면 절실히 느낄 수 있다.

하지만 이게 전부는 아니다. 체력단련 시간이라고 해서 2시간 내내 근력강화 운동만 하지는 않는다. 아무리 아놀드 슈워제네거^{Arnold} ^{Schwarzenegger}라고 해도 2시간 내내 근력강화만 할 수는 없는 노릇이다.

군대 하면 빼놓을 수 없는 것이 '군대스리가', 즉 군대 축구 아닌가? 근력강화 운동을 마치면 부대원 모두가 참여하는 축구, 족구, 농구와 같은 구기 종목으로 전환한다.

사회에서는 잘하는 사람들끼리 동호회를 결성해서 즐기지만, 군대에서는 잘하는 사람이든 못하는 사람이든, 좋아하는 사람이든 싫어하는 사람이든, 개발이든 세모발이든 모두 참가한다. 어쩌다 한 번 하는 거라면 승부가 중요할 수도 있겠지만 매일 하다 보니 승부가 아닌 즐김의 장場이 된다. 잘하는 사람은 잘하는 사람대로, 못하는 사람은 못하는 사람대로 즐긴다. 이렇게 함께 뛰며 땀 흘리는 가운데 부대원들 간에 정이 싹트고 서로를 더 잘 알아가게 된다. 화합과 단결은 말이 아니라 체력단련을 통해 자연스럽게 달성된다.

아울러 병사들은 이 시간을 통해 스트레스를 해소한다. 개인적인 고민이든 내무생활에서 오는 스트레스든 운동을 하면서 모두 잊을 수 있고 날려버릴 수 있다. 힘껏 뛰고 땀 흘리고 나면 한때의 진지했던 고민도 더 이상 고민으로 생각되지 않는다. 혼자라는 생각에 외로움과 고립감을 느꼈다 할지라도 동료들과 함께 운동하고 즐기면서 혼자가 아니라는 사실을 새삼 인식하게 되고 힘과 위로를 얻는다. 따라서 체력단련 시간은 스트레스 배출구라고 해도 과언이 아니다.

군대도 사람 사는 곳이다. 아니, 어쩌면 더 사람다움을 그리워하는 사람들이 살아가는 곳인지도 모른다. 그래서 내가 먼저 마음을 열고 그들 속으로 들어가 그들과 함께 숨 쉬고 땀 흘리며 웃고 울고 부대끼다 보면 가족 못지않은 가족애를 느끼게 된다. 그것을 우리는 전우애라 부른다. 하지만 성격상 그런 데 소질이 없고 잘 못한다 해도 상관없다. 체력단련 시간이 여러분을 가만 놔두지 않을 테니까. 거기에는 예외가 없으니 하기 싫어도 하다 보면 어느새 그것을 즐기고 있는 자신을 발견하게 될 것이다. 혹시 아는가? 이 시간을 통해 숨어 있는 여러분의 끼를 발견하게 될지!

남는 시간은 너를 위해 써라!

군대생활에 좀 더 익숙해지면 하루 일과가 마치 직장인들이 출퇴근하는 것과 비슷하다는 느낌을 갖게 된다. 내무반은 집이고, 연병장이나 교육훈련이 실시되는 곳은 직장인 셈이다. 6시간 동안의 교육훈련과 2시간 동안의 체력단련을 마치면 기다리고 기다렸던 퇴근 시간이다. 보람찬 하루를 마치고 내무반으로 복귀할 때의 마음은 어쩌면 사회에서 집으로 귀가하는 것보다 더 들뜨고 즐거운 일인지도 모를 일이다.

이제 남은 일이라고는 씻고 밥 먹고 청소하고 저녁점호를 받은 후 잠자는 일밖에 없다. "열심히 일한 당신 푹 쉬어라!"라고 격려해주고 싶다. 교육훈련과 체력단련은 군인이기 때문에 당연히 해야 할 일이고 의무다. 간부들에게는 그것이 직업군인으로서의 하루 과업이다. 하지만 그 이후의 시간은 간부들도 퇴근하듯 여러분 또한 내무반으로 퇴근하여 하고 싶은 일을 할 수 있는 자유시간인 셈이다.

병사들은 통상 이 시간에 헬스, 탁구나 당구, 부대 PC방이나 노래방 활용, 매점에서 먹는 것으로 스트레스 풀기, 애인이나 친구들에게 전화 걸기나 편지쓰기 등을 하며 보낸다. 가뜩이나 사회에서 격리되어 통제된 생활을 하는데 이런 낙이라도 없다면 그곳은 더 이상 사람이 사는 곳이라 할 수 없을 것이다. 사회가 민주화되고 투명해질수록 군도 병사들의 복지와 처우에 더 많은 관심과 노력을 기울일 수밖에 없다. 현재 병사들이 누리는 복지 여건은 아버지 세대는 상상할 수도 없었던 것들이고, 필자가 소위 계급장 달고 야전에 처음 갔던 1997년 당시와 비교해도 비약적으로 발전했다. 없어서 못 누리는 시절은 옛말이라는 얘기다.

저녁식사가 끝나면 저녁점호 준비가 시작되는 밤 9시까지 대략 2시간 정도의 개인 자유시간이 보장된다. 하루의 대부분을 군과 부대에 바쳤다면 하루 중 단 2시간만이라도 오롯이 여러분 자신을 위해 쓰기를 당부한다. 먹고 놀고 운동하는 것도 좋지만 자기계발을 위한 시간으로 활용하라는 의미다. 통상 병사들은 전역이 임박해서 전역 이후의 삶을 걱정한다. 하지만 이등병 시절부터 자유시간을 살뜰히 활용하면서 개인의 발전을 위해 쓴 병사라면 자신의 진로를 확정하고 거기에 필요한 역량을 갖추는 일에 전념했을 것이다.

저녁식사가 끝나면 저녁점호 준비가 시작되는 밤 9시까지 대략 2시간 정도의 개인 자유시간이 보장된다. 하루의 대부분을 군과 부대에 바쳤다면 하루 중 단 2시간만이라도 오롯이 여러분 자신을 위해 쓰기를 당부한다. 자기계발을 위한 시간으로 활용하라는 말이다.

2시간은 책 1권을 집중해서 읽을 수 있는 시간이다. 하루의 2시간이 2년 동안 모이면 1,460시간이다. 세계적인 베스트셀러 『아웃라이어』의 저자 말콤 글래드웰Malcolm Gladwell은 비틀즈Beatles, 빌 게이츠Bill Gates, 모차르트Wolfgang Amadeus Mozart 등 모든 성공한 사람들의 공통점으로 1만 시간에 달하는 노력이라고 말했다. 1만 시간은 하루 3시간씩 10년 동안 누적된 시간이다. 여러분에게 주어지는 1,460시간은 향후 1만 시간의 노력을 뒷받침해줄 수 있는 초석이 되어줄 소중한 시간이다. 그러니 군대에 끌려왔다고 푸념하고 불평불만하기보다는 여러분에게 주어진 하루 2시간을 오롯이 자신만을 위해 알차게 활용할 것을 제안한다. 자기계발에 대해서는 뒤에서 좀 더 구체적으로 살펴보자.

자유시간이 끝나고 공식적으로 하루를 마감하는 의식인 저녁점호가 종료되면 길고 길었던 여러분의 하루도 마침내 막을 내리게 된다. 정말 고생 많았다.

군인, 호모 밀리터리쿠스의 하루는 이런 식으로 진행된다. 여러분의 입장에서는 반복되는 나날들의 연속이고 그리 특별해 보이지 않겠지만, 여러분 덕분에 대한민국이 편안한 하루를 보냈다는 사실을 상기해보라. 그저 하루를 잘 보낸 것만으로도 여러분은 대단하고 장한 일을 해낸 것임을 깨닫게 될 것이다.

땀방울 하나에 추억 하나, 훈련 이야기

군대 다녀온 사람들이 주로 하는 얘기가 군대에서 축구한 얘기라는 사실은 누구나 알고 있는 얘기다. 이 말은 언제 어디서 군복무를 했건 간에 모두가 공감할 수 있는 얘기라는 말이다. 축구가 마냥 즐거운 기억이었다면, 그보다 좀 더 뜨겁고 진한 추억으로 남아 있는 것이 바로 훈련에 대한 기억들이다.

훈련은 병과마다 다르기 때문에 축구처럼 모두가 공감할 수 있는 만국 공통어가 될 수 없다. 그런 까닭에 축구가 다 함께 즐겁게 먹을 수 있는 공통 메뉴라면, 훈련은 혼자만 맛보고 음미할 수 있는 개인 메뉴라 할 수 있다. 개인 메뉴는 개인의 식성에 맞춰 주문한 음식이듯 저마다 다른 훈련에 대한 추억담은 혼자만의 즐거운 독백으로 흐를 수 있다. 그래서 현명한 사람이라면 영원히 아름다운 추억으로 남을 수 있도록 자신만의 추억록 속에 고이 간직할 것이다.

설령 그렇다 하더라도 "아! 맞아"라고 할 수 있는 공통분모는 있기 마련이다. 병과는 서로 달라도 "이 친구 말이 통하네!"라며 술 한잔 기울일 수 있는 그런 얘기들! 누구나 공감할 수 있는 훈련에 대해 얘기해볼까 한다. 이 글을 읽으면서 훈련 하나하나를 머릿속에 그려보고 여러분이라면 어떤 추억으로 남길 수 있을지 상상해보기 바란다. 나중에 그 훈련들이 현실로 다가오면 걱정이나 두려움이 아닌 기대감으로 맞이하게 될 것이다.

훈련과 놀이의 이중주
'유격 훈련'

한 번 경험해본 선임병들에게는 귀찮고 성가신 훈련쯤으로, 처음 접하는 신병들에게는 공포로 다가오는 훈련! 그것이 바로 그 유명한 유격 훈련이다. 유격 훈련이라고 하면 거창하게 생각할 수도 있는데, 람보나 코만도를 떠올리면 쉽게 이해할 수 있다. 람보가 적지에서 살아남아 탈출하는 과정을 보면 엄청난 체력과 끈기, 인내력은 물론 동물에 가까운 감각이 요구된다. 이를 배양하기 위한 훈련이 바로 유격 훈련이다.

그렇다고 겁먹을 필요 없다. 유격 훈련을 앞두고 이를 처음 접하는 후임병들을 안심시키기 위해서 해주는 말이 있다. 유격의 유遊 자는

'놀다'를 뜻하는 것으로, '유원지', '유람' 등의 단어에 쓰인다는 사실이다. 그도 그럴 것이 전국에 산재해 있는 유격장 시설은 대체로 경치가 빼어나게 좋은 산 속에 위치해 있다. 그곳들은 군사보호구역이라서 민간인이 접근할 수 없는 까닭에 오염되거나 때 묻지 않은 자연 그대로의 아름다움을 간직한 곳들이다. 그 옛날 신라의 화랑도가 심산유곡을 찾아다니며 무예를 수련한 것과 다름없다. 그러니 부담 내려놓고 즐겁게 시작하자는 말은 일리가 있는 말이다.

유격 훈련은 행군으로 시작해서 행군으로 끝난다. 대략 왕복 80km의 거리를 걸어서 이동하는데, "3보 이상이면 승차한다"는 포병처럼 차량으로 이동하는 병과의 병사들에게는 시작부터 힘든 과정임에 틀림없다. 하지만 유격 훈련에 대한 심리적 부담을 경감하고, 본격적인 훈련에 돌입하기 전에 관련 근육들을 단련시킨다는 의미도 있다. 무엇보다 자기 자신과의 싸움에서 이겨내는 것이 가장 중요하다. 시작이 반이라고 했듯이, 입소 행군을 완주하면 유격 훈련은 이미 절반은 끝난 것이나 다름없다. 이제는 즐기는 코스들만 남아 있으니까!

유격 훈련 하면 빼놓을 수 없는 것이 바로 PT체조다. 행군이 종료되고 숙영 준비를 하면서 약간의 숨 돌릴 여유를 갖는다. 그러고 있노라면 빨간색 모자를 눌러쓴 유격 조교들이 여러분을 유격장으로 데려갈 것이다. 그리고 이어지는 것이 바로 PT체조다. 그렇지 않아도 행군을 한 뒤라 온몸이 만신창이인데 거기에다 PT체조라니 정말 어처구니가 없다. 모였다 흩어지기를 반복하고 앉았다 일어나기, 엎드렸다 일어나기를 반복하다 보면 욕지기가 목구멍까지 올라온다. 하지만 차마 그럴 수는 없다. 모두가 다 참고 견디고 있으니 말이다.

PT체조는 여러분을 힘들게 하려는 데 목적이 있지 않다. 재미있다고는 했지만 산악지대에서 이루어지는 훈련들이 이어지는 만큼 긴장을 풀거나 체력적으로 뒷받침되지 못하면 대형 사고로 이어질 수 있다. 이 때문에 적절한 긴장을 유지시키고 체력을 단련시키는 데 그 목적이 있다. 그러니 약간 힘들더라도 참아라. 아니, 즐겨라! 힘들다고 생각하면 힘들 뿐이다. 그러나 미친 듯이 즐기면 금방 지나간다.

지금까지는 전초전에 불과했다. 본격적인 놀이는 지금부터다. 외줄타기, 두줄타기, 세줄타기 등과 같은 횡단 코스, 밧줄 잡고 하강하는 하강 코스, 활차 타고 계곡을 횡단하는 활강 코스, 각종 장애물을 넘고 통과하는 산악장애물 코스 등 흥미진진하고 박진감 넘치는 코스들이 둘째 날부터 이어진다. 이제야 비로소 여러분은 왜 유격 훈련이 훈련이면서 동시에 놀이가 될 수 있는지를 실감할 수 있게 된다. 화생방 가스실 실습처럼 고통스러운 경험도 하게 되겠지만, 그조차도 즐거운 추억으로 남게 될 것이다.

어떤가? 유격 훈련 한번 해볼 만하지 않은가? 이 정도 맛보기만으로도 여러분은 부담감보다는 기대감으로 유격 훈련에 임할 수 있으리라 생각된다. 그 전에 미리미리 체력단련을 해놓는다면 람보도 울고 갈 정말 멋진 경험을 할 수 있으리라 확신한다. 여러분 모두의 건투를 빈다.

아! 깜빡한 게 하나 있다. 아직 복귀 행군이 남아 있다. 입소 행군 할 때 죽도록 고생한 걸 생각하면 두 번 다시 하고 싶지 않다고? 걱정하지 마라. 집으로 돌아가는 길은 언제나 즐거운 법이니까!

윈터 솔저 되기, '혹한기 훈련'

1년 동안 실시되는 많은 훈련 중에서 가장 꺼려지는 훈련을 하나 꼽으라고 한다면 단연 혹한기 훈련을 꼽는 이들이 많을 것이다. 나머지 훈련들은 훈련 주체가 중대건 대대건 혹은 사단이건 간에 크게 달라질 게 없다. 매번 해왔던 전술 훈련의 반복에 불과하기 때문이다. 하지만 혹한기 훈련만큼은 다르다. 훈련 내용은 전술 훈련과 다를 바 없지만, 훈련의 목적이 엄연히 다르기 때문이다. 그 목적이란 바로 동장군冬將軍과 싸워 이기는 것이다. 한겨울의 혹독한 추위를 경험해보는 것이다. 그것도 칼바람이 쌩쌩 부는 야지에서 말이다.

모든 짐승이 동면하거나 움츠린 가운데 힘을 비축하는 한겨울에 군이 훈련을 할 필요가 뭐 있나 싶다. 겨울이라면 적군이나 아군이나 전쟁을 한다는 것 자체가 무리 아닌가? 상식적으로는 그렇다. 그 옛날 최정예 군대였던 로마 군단도 밀 수확기와 겨울에는 전쟁을 중단했으니까. 하지만 믿었던 상식이 허를 찔리면 뜨끔하는 법이다. 우리나라가 언제 그런 적이 있었냐고?

한국전쟁 당시 맥아더Douglas MacArthur 장군이 인천상륙작전을 성공시킨 뒤 전세는 역전됐다. 한국군과 미군을 주축으로 한 연합군은 파죽지세로 압록강과 두만강을 바라보며 진격에 진격을 거듭했다. 그리고 드디어 중국 땅이 바라다보이는 압록강변에 도착하여 수통에 압록강의 물을 담았다. 그 물은 대한민국의 통일을 상징하는 역사적 증거가 될 터였다.

그러나 기쁨도 잠시! 추운 겨울임에도 불구하고 중공군이 물밀 듯 밀려왔다. 『삼국지三國志』를 보면 전쟁 한 번에 투입되는 병력의 수가 기본이 40만~50만 명 아니던가? 그게 절대 뻥이 아님은 한국전쟁 당시에 입증된 셈이다. 한국군과 연합군은 죽여도 죽여도 끝없이 내려오는 중공군의 압박과 북녘의 혹독한 추위를 버티지 못하고 눈물을 머금고 후퇴를 해야 했다. 그렇게 후퇴를 한 뒤에 지금까지 굳어져버린 것이 휴전선이다. 이대로 전쟁을 끝낼 수 없다며 끝까지 분전했으나 불가항력이었다. 전쟁이 끝난 뒤 군 수뇌부는 이를 갈며 원통해했을 것이다. 추위에 맞설 능력만 있었어도 눈앞의 통일을 놓치지 않았을 거라고! 그래서 탄생한 훈련이 바로 혹한기 훈련이다.

'혹酷' 자가 들어간 만큼 혹한기 훈련은 혹독하다. 참호를 파려고 해도 꽁꽁 얼어붙은 땅은 파지지도 않는다. 하루 종일 파도 50cm도 파기 힘들다. 텐트를 치려고 해도 팩이 박히지 않는다. 텐트에서 자고 일어나면 텐트 안쪽에 하얀 서리가 낀다. 아무리 보온에 신경 써도 몸은 추위에 굳어 있고, 총이나 장비의 쇠붙이들은 손을 대자마자 딱 달라붙을 정도로 꽁꽁 얼어 있다. 그럼에도 불구하고 훈련은 진행된다. 공격도 해야 하고 방어도 해야 한다. 부대원들이 함께 하니까 하는 것이지, 혼자 하라고 하면 절대 하지 못할 훈련이다.

하지만 힘들고 어려울수록 단결하고 뭉치는 법이다. 힘든 만큼 지휘관을 비롯한 부대 간부들의 관심도 또한 그만큼 높다. 선임병들도 후임병들을 챙긴다. 경험이 없는 후임병들은 경험이 있는 선임병들을 믿고 의지한다. 내무반에서는 껄렁껄렁한 밉상 선임병도 막상 훈련이 시작되면 듬직한 형처럼 느껴진다. 바로 이것이 혹한을 이기는 힘이다. 어렵고 힘든 훈련인 만큼 사전 준비도 철저히 하지만 그것만으로는 어렵도 없다. 그 부족분을 메워주고 혹한의 추위조차도 녹여버리는 것! 그것이 바로 전우애다.

이렇게 한겨울의 추위도 물러가고 따뜻한 봄날이 온다.

우리가 밥 먹고 이빨 닦는 일들을 기억할 수 없듯 일상적으로 반복되는 교육훈련은 크게 기억되지 않는다. 하지만 유격 훈련과 혹한기 훈련은 딱 한 번의 경험만으로도 저승까지 가져갈 만큼의 진한 추억을 심어주기에 충분한 훈련이다. 분명 이 두 훈련은 군대생활 중에 경험할 수 있는 훈련의 양대 산맥이다. 이제 여러분은 그 양대 산맥을 넘

힘들고 어려울수록 단결하고 뭉치는 법이다.
힘든 만큼 지휘관을 비롯한 부대 간부들의 관심도 또한 그만큼 높다.
선임병들도 후임병들을 챙긴다. 경험이 없는 후임병들은
경험이 있는 선임병들을 믿고 의지한다.
내무반에서는 껄렁껄렁한 밉상 선임병도 막상 훈련이 시작되면
듬직한 형처럼 느껴진다. 바로 이것이 혹한을 이기는 힘이다.
어렵고 힘든 훈련인 만큼 사전 준비도 철저히 하지만
그것만으로는 어림도 없다.
그 부족분을 메워주고 혹한의 추위조차도 녹여버리는 것!
그것이 바로 전우애다.

어섰다.

　이쯤 되면 여러분 가슴 한가운데에서 이런 자신감이 들 것이다.

　"북한! 어디 한번 붙어보자! 다 쳐부숴줄 테다!"

　이렇게 여러분은 조금씩 조금씩 군인이 되어간다. '민간인'인 게 더
어색한 진정한 호모 밀리터리쿠스가 되어가는 것이다.

삽질! 그것도 훈련이다

'삽질한다'라는 표현은 불필요한 일을 한다는 뜻으로 쓰이는 관용어다. 기껏 삽질했더니 굴삭기로 한 삽 뜬 것보다 못하다는 말이다. 달리 말하면 처음부터 굴삭기로 했으면 됐을 일을 삽질하게 해서 쓸데없이 사람들을 고생시킨다는 의미다. 주로 군대나 공무원 조직에서 별 성과도 나지 않는 일임에도 불구하고 상급자들에게 잘 보이기 위해서 쓸데없이 시키는 일에 비유하기도 한다. 능력으로 승부할 자신 없는 사람들의 특기가 바로 삽질인 것이다. 사람 한 명 한 명이 귀한 인적 자산인 민간 기업에서는 있을 수 없는 일이다. 그랬다간 바로 망할 테니까 말이다. 결국 삽질은 망하지 않는 조직의 특권이기도 한 셈이다. 그들 또한 국민의 세금으로 운영되는 조직인 만큼 반성하고 짚고 넘어가야 할 일임에 틀림없다.

여기에서는 그런 부정적 의미의 삽질이 아니라 땅 파는 삽으로 땅을 파는 행위 그 자체인 '삽질'에 대해서 얘기해볼까 한다. 뭐 이런 촌스런 주제에 대해 얘기할까 싶겠지만, 군대에서의 활동 가운데 무시할 수 없을 만큼 큰 비중을 차지하는 것이 바로 삽질, 즉 작업이기 때문이다. 개인호를 파는 행위도 삽질이고, 비가 온 뒤 연병장이나 도로를 다듬는 일도 삽질이며, 진지공사를 하며 진지를 구축하고 수리하는 것도 삽질이다. 태풍이 할퀴고 간 뒤 피해 복구를 하는 것도 삽질이고 폭설이 온 다음 눈을 치우는 일도 삽질이다.

중요한 사실은 삽질이 그저 작업에 불과한 것이 아니라는 점이다. "모든 길은 로마로 통한다"라는 말이 있듯이, 모든 길이 로마로 통하게 만들어주는 로마가도는 로마 군단병들이 건설한 작품이다. 전쟁터에서 병사들의 목숨을 지켜주는 진지와 개인호는 공병이 와서 파주는 것이 아니라 각자가 직접 파고 구축해야 하는 것이다. 삽질도 해봐야는다. 평소에 이런저런 일들로 삽질을 해보지 못한 병사가 총알이 빗발치고 포탄이 파열하는 전장에서 자신을 보호할 개인호를 판다는 것은 있을 수 없는 일이다.

그래서 나는 삽질도 훈련이라고 강조한다. 군생활의 경험이 미천한 일부 초급 간부들도 작업을 대하는 마음가짐이 소극적이다. '굳이 이런 일을 해야 하나?'라는 식이다. 이런 환경에 익숙하지 않은 삶을 살아왔음을 고려한다면 그렇게 생각하는 것도 무리는 아니다. 그러나 자신이 군인이라는 사실과, 군인이 그저 먹고살기 위해 하는 단순한 직업인이 아닌 전쟁을 업으로 삼은 사람임을 상기하면서 작업에 대한 인식을 전환할 필요가 있다.

삽질에서 배우는 리더십

군대에서 대부분의 작업은 병사들에 의해서 이루어진다. 그러므로 병사들이란 가장 소중한 자원이면서도 가장 쉽게 생각하는 대상이기도 하다. 그래서 간부들에게 작업 지시를 하면 자신에게 할당된 적은 병력으로도 효과적으로 작업을 완수하는 간부들이 있는 반면, 병력이 아무리 많아도 그야말로 삽질만 해대는 간부들도 있다.

나는 이것을 리더십의 차이로 해석한다. 간단한 퀴즈를 내겠다. 리더십의 유형을 똑부(똑똑하고 부지런한 리더), 똑게(똑똑하게 게으른 리더), 멍부(멍청하고 부지런한 리더), 멍게(멍청하고 게으른 리더) 네 가지로 구분한다고 했을 때, 가장 바람직한 리더와 최악의 리더는 누구라고 생각하는가? 대부분의 사람들이 똑부형 리더를 최고의 리더로, 멍게형 리더를 최악의 리더로 간주한다. 그러나 실제로는 그렇지 않다. 최고의 리더는 똑게형 리더고, 최악의 리더는 멍부형 리더다.

리더가 똑똑하고 게으르면 명확히 해야 할 일만 시키기 때문에 불필요한 작업 없이 깔끔하게 작업이 진행된다. 반면, 리더가 똑똑하고 부지런하면 해야 할 일에 더하여 부수적인 작업을 더 하게 되어 힘들어질 수 있다. 반대로 리더가 멍청하고 게으르면 그나마 해야 할 일만 잘 못할 수 있는데, 리더가 멍청한 데다 부지런하기까지 하면 해야 할 일도 제대로 못할 뿐만 아니라 불필요하게 추가된 과업들마저 쓸모없게 될 가능성이 크다. 아주 위험한 경우다.

작업을 함에 있어서 간부들이 작업 지침을 제대로 파악하지 못했거나, 작업 지침을 받고도 작업에 대한 구상을 제대로 하지 못하면 엉뚱한 일을 하게 되는 경우가 많다. 즉, 불필요하게 병력을 고생시킨 꼴이다. 이런 경우는 해당 간부가 병사들의 고생을 대수롭지 않게 생각하는 사람일수록 자주 발생한다.

병사들도 예외는 아니다. 여러분도 언젠가 분대장 견장을 달고 지휘자의 역할을 수행해야 한다. 때로는 간부들을 대신하여 작업 지시를 하게 되는 경우도 종종 있다. 그럴 경우에는 그동안의 경험에서 나오는 노하우를 최대한 살리되, 분대원들의 고생을 최소화하면서도 가장 효과적으로 임무를 완수할 수 있는 방안을 구상하고 지시할 수 있어야 한다. 그것이 리더십이다.

여러분은 모두 똑게형 리더가 되기 바란다. 그것이 여러분 자신도 편하고 분대원들도 편할 수 있는 방법이다. 쓸데없이 부지런하면 쓸데없는 고생만 늘 뿐이다.

군대가 아니면
배우지 못하는 것들

군대 다녀온 사람들은 다 아는 사실이 하나 있다. 군대에서는 작은 것 하나에도 요령이 있고 방법이 있다. 예를 들면, 세면백을 휴대하는 방법이 따로 있다. '파지법'이라고 하는데, 그 방법이 가장 경제적이고 효율적인 휴대 방법이다. 청소할 때 빗자루질, 걸레질하는 요령이 따로 있고, 삽질하는 요령도 따로 있다.

그 옛날 산업이 혁명적으로 발전했던 20세기 초, 프레더릭 테일러 Frederick Winslow Taylor라는 사업가에 의해 실시된 일종의 실험인 과학적 관리법이 있다. 어떻게 하면 제한된 시간에 가장 많이 삽질을 할 수 있을 것인가를 연구한 것이다. 이를테면 스톱워치로 시간을 재면서 노동자들의 동작이나 삽을 바꿔가며 가장 능률적이고 효과적인 방법을 찾은 것이다. 군대에서의 청소 요령이나 삽질 요령도 그와 다르지 않다. 사회에서 대충 알고 있던 방식으로 하면 비효율적이고 시간도 많이 든다. 반면, 군대의 방식으로 하면 더 빠르고 덜 힘들다. '요령'이라는 말이 '잔꾀를 부린다'라는 의미로 다소 부정적으로 사용되지만, 기왕 하는 일이라면 요령 있게 하는 게 더 낫지 않을까?

이런 측면에서 보면 군대는 알게 모르게 많은 것을 가르쳐준다. 지금까지는 부모님과 함께 생활하면서 청소나 각종 집안일을 등한시해왔고 제대로 할 줄도 몰랐다면, 전역 후에는 오롯이 홀로 선 가운데 스스로 모든 것을 해야 한다. 결혼하여 가정을 꾸리고, 취직하여 직장생활을 하게 되면 그 모든 것들을 스스로 해결해야 한다. 이럴 때 군대에서 배운 요령들은 알게 모르게 도움이 된다.

앞에서 군대는 자급자족 조직이라고 했다. 육군본부나 학교기관 같은 상급제대 기관은 모든 비품을 예산으로 구매하면 되지만, 야전의 말단 부대에서는 그럴 형편이 못 된다. 창피한 일이긴 하지만 사실이다. 그렇기 때문에 각종 목재나 공구를 이용해서 자체 제작하여 활용하는 경우가 다반사다. 목공을 불러다 인건비를 줘가며 일을 시키지도 못한다. 못질 하나하나까지 병사들이 해야 한다. 초소같이 간단한 건물은 병사들이 뚝딱 만든다. 환경미화를 위해 꽃밭을 가꾸는 법부터 석축을 쌓아 화단 꾸미는 일, 오래된 건물 도색작업, 창고에 물건을 정리할 수 있는 선반 만드는 일 등 하지 않는 일이 없다.

궁여지책으로 하는 일이지만 그 과정을 통해서 못질하는 법, 전동드릴이나 그라인더 같은 작업도구를 다루는 방법, 페인트칠하는 요령 등 많은 것들을 경험하고 배우게 된다. 그런데 이런 것들은 가정을 꾸리는 가장이라면 어느 정도 알고 있어야만 하는 기본 소양이다. 입대 전에는 혼자서 형광등 하나 제대로 갈지 못했다면, 전역 후에는 잡다한 집안일은 혼자서도 척척 해결할 수 있게 된다.

군에서의 삽질, 즉 작업이라고 하는 것을 어찌 나쁘다고만 할 수 있

군대는 알게 모르게 많은 것을 가르쳐준다.
지금까지는 부모님과 함께 생활하면서
청소나 각종 집안일을 등한시해왔고
제대로 할 줄로 몰랐다면, 전역 후에는
오롯이 홀로 선 가운데 스스로 모든 것을 해야 한다.
결혼하여 가정을 꾸리고, 취직하여 직장생활을
하게 되면 그 모든 것들을 스스로 해결해야 한다.
이럴 때 군대에서 배운 요령들은 알게 모르게
도움이 된다. 입대 전에는 혼자서 형광등 하나
제대로 갈지 못했다면, 전역 후에는 잡다한
집안일은 혼자서도 척척 해결할 수 있게 된다.

겠는가? 무슨 일이든 자발적인 마음보다 사역감에 젖어 노예의 심정으로 임한다면 모든 것이 고통스럽고 힘겨울 뿐이며 그 속에서 아무것도 배우지 못한다. 비록 작업일지라도 그것을 즐기고 그 속에서 뭔가 하나라도 배우고자 한다면 그 경험들이 여러분의 세포 하나하나에 각인되고 손에 익어 온전히 여러분의 것이 되지 않겠는가?

국민을 위한 사랑의 삽질

전쟁이 없는 평화 시에 군대가 하는 일은 뭔가? "할 일 없으니 밥만 축내고 있다"는 논리로 군의 존재와 그 역할을 폄하하고 국방비를 삭감하라는 주장이 지속적으로 제기되고 있다. 하지만 여러분이 단독주택에 거주하거나 독립 사업장을 운영할 경우 세콤과 같은 보안업체에 방범과 보안을 맡기는 경우를 생각해보자. 모든 것을 감시카메라나 센서가 알아서 하고 있으니 굳이 돈 들여가며 보안업체를 쓸 필요가 없다고 생각하지는 않는다. 평시에는 집 앞에 설치된 보안업체 표지만으로도 도둑에게 경고를 주는 셈이고, 도둑이 침입하거나 방범에 이상이 생길 경우 즉각 출동하여 문제를 해결한다. 군도 이와 마찬가지다. 군은 단지 존재하는 것만으로도 전쟁을 억제하는 역할을 수행한다. 그러니 여러분이 군에서 비중이 큰 임무를 수행하건 비중이 작은 작업을 하건 그 자체만으로도 의미가 있음을 명심해줬으면 좋겠다.

군에서의 삽질, 즉 작업이라고 하는 것을
어찌 나쁘다고만 할 수 있겠는가?
무슨 일이든 자발적인 마음보다 사역감에 젖어
노예의 심정으로 임한다면
모든 것이 고통스럽고 힘겨울 뿐이며
그 속에서 아무것도 배우지 못한다.
비록 작업일지라도 그것을 즐기고 그 속에서
뭔가 하나라도 배우고자 한다면 그 경험들이
여러분의 세포 하나하나에 각인되고 손에 익어
온전히 여러분의 것이 되지 않겠는가?

그렇다고 평화 시에 여러분이 국가와 국민을 위해 아무것도 하지 않는 게 아니다. 집중호우, 태풍, 지진, 폭설과 같은 천재지변이나 건물 붕괴와 같은 대형 사고 발생 시, 국민은 여러분의 도움을 절실히 필요로 한다. 이때가 평소에 부대에서 갈고 닦은 삽질의 내공이 빛을 발하는 순간이다.

이런 재앙 앞에서 절망하지 않을 사람은 없다. 모두가 망연자실한 가운데 어찌할 줄 몰라 넋 놓고 있을 뿐이다. 이럴 때 여러분의 조직적이고 요령 있는 삽질은 실의에 빠진 국민들을 절망으로부터 건져내는 구원의 손길이다. 폐허로 가득한 땅에 희망의 씨앗을 심는 사랑의 손길이다. 여러분의 도움으로 국민들은 다시 일어설 힘과 용기를 얻는다.

그런데도 삽질을 나쁘다고만 봐서야 되겠는가? 긍지를 가져라! 여러분에겐 충분히 그럴만한 자격이 있다.

가디언! 근무 중 이상 무!

1591년 한반도의 남해안, 나무 조각과 톱밥 같은 부유물들이 부쩍 많이 밀려온다. 이를 단서로 일본의 침략을 미리 예견했던 이순신 장군은 거북선을 만들고 학익진 등 새로운 전법을 훈련하며 다가오는 전쟁에 대비했다. 반면 이를 대수롭지 않게 여겼던 원균을 비롯한 경상도 장수들은 막상 일본군이 쳐들어오자 제대로 싸워보지도 못하고 조선 최대의 방어거점인 부산성과 동래성을 일본군에게 내주고 말았다. 그것이 7년간 이어진 임진왜란의 시작이었다.

1950년 초, 광복한 지 5년이 지난 시점에도 한국군은 여전히 체계가 잡혀 있지 못했다. 이런 상황에서 북쪽의 동향이 심상치 않다는 보고가 속속들이 육군본부로 전해졌다. 반면 경계를 담당했던 전방 부대에서는 코앞에 다가온 전쟁의 기운을 읽지 못하고 병사들을 대거 휴가나 외출을 내보냈고, 소총이나 차량 등 전투장비 일부를 정비를 위해 후방 군수부대로 보내버렸다. 이런 상황에서 한국군은 6월 25일 새벽을 맞이했고, 대한민국은 반쪽이 되는 비극을 맞게 되었다.

경계의 실패가 민족의 비극을 초래한 대표적인 사례다. 그만큼 경계 임무가 중요하기 때문에 맥아더 장군은 "작전에 실패한 지휘관은 용서할 수 있어도 경계에 실패한 지휘관은 용서할 수 없다"라는 말까지 남겼다. 그런데도 여전히 경계작전은 그 중요성에 비해 천덕꾸러기 대접을 받는다. 첫째, 기나긴 세월 동안 아무 일도 일어나지 않았기 때문이다. 둘째, 아무 일도 없는데 눈에 핏대 세우고 뜬눈으로 밤을 지새워 봐야 고생한 보람이 없기 때문이다. 이런 이유로 운명의 순간에 경계는 반드시 실패할 수밖에 없고, 역사의 비극을 되풀이하는 우를 범하게 되는 것이다.

이와 같이 경계는 군인의 임무 중에서 가장 기본이 되는 임무다. 야간에 막사 안에서 불침번을 서는 일부터 위병소와 주둔지 초소를 지키는 것, 나아가 휴전선을 지키는 일이 모두 경계다. 그 어느 것 하나도 소홀히 할 수 없는 일이다. 그래도 졸린 걸 어떻게 하란 말인가? 그것이 문제다. 어쩌면 대한민국을 지키는 초병들 모두가 졸고 있는 건 아닌지 걱정되기도 한다. 온 국민들이 초병들만 믿고 단잠을 청하는데 말이다.

운명을 건 위험한 도박

경계작전은 2인 1개조로 투입된다. 그 2인은 경험이 있는 선임병과 경험이 부족한 후임병으로 편성된다. 이렇게 편성하는 이유는 첫째 선임병은 지도하고 후임병은 배우라는 의미다. 둘째 우발 상황 발생 시 경험이 많은 선임병이 적절한 상황 조치를 할 수 있을 거라는 가정 때문이다.

이론은 언제나 옳은 법이다. 현실이 이론을 따라가지 못하는 것이 언제나 문제라면 문제다. 앞에서도 얘기했지만, 아무 일도 없을 거라는 생각에 선임병은 후임병에게 경계 임무를 맡기고 편하게 졸기 시작한다. 이때 후임병이 경계하는 것은 적군이 아니라 순찰을 도는 간부다. 법보다 주먹이 가까운지라 고분고분 따를 수밖에 없다.

이는 오시범誤示範이다. 여러분은 절대 따라하지 않기를 바란다. 들키지 않으면 아슬아슬한 줄타기처럼 짜릿한 맛을 만끽할 수 있고 시간이 흐르고 흘러 숙성되면 구수한 추억이 될 수도 있지만, 잘못 걸리면 영창행 티켓을 받을 수도 있기 때문이다. 이보다 더 중요한 사실은 여러분이 맘 편히 졸고 있는 사이에 경계를 맡은 후임병이 총으로 무슨 짓을 할지 아무도 모른다는 사실이다. 그래도 잠이 올까?

1시간 내지 1시간 20분 정도밖에 안 되는 시간이다. 부디 깨어 있어라! 적이든 순찰간부든, 혹은 후임병의 난동이든 그 어떤 것도 졸고 있는 상태에서는 어찌해볼 도리가 없으니 말이다. 잠깐의 휴식을 위해 운명을 거는 위험한 도박은 하지 않기를 바란다.

사색死色되기 싫으면
사색思索하라

졸다가 걸리면 얼굴은 졸지에 사색死色이 된다. 그렇게 되지 않으려면 졸기보다는 사색思索을 즐겨라! 그러면 사색될 일도 없다. 칠흑 같은 어두운 밤, 깨어 있는 것이라곤 밤하늘의 별들과 야행성 산짐승 외에는 없고 세상은 온통 고요함으로 뒤덮여 있다. 이때만큼 사색하기에 좋은 시간은 없다.

군대에서는 언제나 단체와 함께한다. 내무반에서 쉬고 있을 때조차도 나를 주시하는 사람은 꼭 있기 마련이다. 주변을 의식하는 상태에서 개인적인 문제에 대해 깊이 생각하고 고민하고 사색하기란 결코 쉬운 일이 아니다. 그렇다고 개인만을 위한 시간을 별도로 할애할 수도 없다. 주어진 여건 안에서 최대한 지혜롭게 풀어나가야 한다. 그렇게 할 수 있는 최적의 기회가 바로 경계작전에 투입된 1시간 남짓한 시간이다.

아무 생각 없이 멍하게 있어도 흘러가는 시간이다. 그럴 바에는 진로 문제 등 전역 후에 곧바로 부딪치게 될 인생의 굵직한 문제들에 대해서 고민해보는 것이 더 낫지 않을까? 자기계발 분야의 대가 공병호 박사가 쓴 『공병호의 군대 간 아들에게』라는 책에 군에 간 아들과의 대화가 나온다.

아빠: 입대한 지 벌써 1년이 지났구나.
아들: 아버지, 저는 얼마나 더 있으면 제대를 할 수 있을지가 기다려지는 게 아니라, 이제 군에 있을 날이 이만큼밖에 남지 않았다는 걱정이 더 앞서네요.

군 입대를 앞둔 여러분에게는 부러운 모습이며 배부른 투정쯤으로 들릴지 모르겠지만, 대부분의 병사들이 공병호 박사의 아들과 같은 심정이다. 그동안 단절되었던 사회로, 대학으로, 가족과 친구들의 품으로, 그리고 사회에 두고 온 본래의 내 삶으로 다시 돌아가는 일이 생각만큼 쉽지 않다. 그냥 돌아가는 것은 2년이라는 단절된 시간만큼의 퇴보를 의미하기 때문이다.

아무런 준비도 되지 않았는데 전역 날이 가까워오면 그야말로 얼굴은 사색된다. 그러니 여러분에게 주어진 1분 1초도 소중히 활용하는 지혜와 노력이 필요하다. 그리고 거대한 인생의 강을 마주하며 사색되지 않으려면 경계근무시간에 졸지 말고 사색해라! 하루하루 사색의 시간들이 모이고 또 모이면 절대로 흔들리지 않을 인생의 꿈과 방향,

진로를 설정하는 데 어려움이 없을 것이다. 아울러 졸다가 걸려 사색되는 일도 없을 것이다.

가디언! 근무 중 이상 무

한때 전방 부대에서 실제로 있었던 '노크 귀순'이 대한민국을 경악에 떨게 만들었다. 북한군 병사가 비무장지대에 깔린 무수한 장애물과 철조망을 헤치고 넘어와 한국군 막사의 문을 노크하고 귀순 의사를 밝힌 사례다. 귀순한 북한군 병사는 살기 위해서 절박한 마음으로 북한을 탈출하여 귀순한 죄밖에 없지만, 그 병사의 과감한 행각은 휴전선을 지키는 수많은 초병들을 눈뜬장님으로 만들고 말았고, 거기에 국민들은 큰 충격을 받았다.

그 사건보다 중요한 것은 사후 처리다. 배고파서 음식물을 훔치다가 적발되어 살기 위해 남으로 넘어온 다소 엉뚱한 병사 하나로 인해 사단장, 연대장, 대대장 등 주요 지휘관들이 전격 교체됐고, 장군 5명, 영관급 장교 9명 등이 문책을 받았다. 그렇다면 그 시간에 경계근무를 섰던 병사들과 당직근무를 섰던 간부들은 무사했을까? 결과적으로는 그들에 대한 문책은 없었지만, 사건을 수사하는 과정에서 자괴감과 주변의 시선 등 엄청난 심적 고통에 시달려야 했을 것이다.

앞에서 "운명의 순간에 경계는 실패하게 되어 있다"라고 했다. 그 순

아무런 준비도 되지 않았는데 전역 날이 가까워오면
그야말로 얼굴은 사색이 된다.
그러니 여러분에게 주어진 1분 1초로
소중히 활용하는 지혜와 노력이 필요하다.
그리고 거대한 인생의 강을 마주하며
사색되지 않으려면 경계근무시간에 졸지 말고
사색해라! 하루하루 사색의 시간들이 모이고
또 모이면 절대로 흔들리지 않을 인생의 꿈과 방향,
진로를 설정하는 데 어려움이 없을 것이다.
아울러 졸다가 걸려 사색되는 일도 없을 것이다.

간이 언제인지는 아무도 모르기 때문에 '운명의 순간'이라고 표현한 것이다. 북한군 병사가 음식물을 훔치다가 걸리지만 않았어도 이와 같은 불상사는 일어나지 않았을 것이지만 운명은 그렇게 흘러가도록 가만히 놔두지 않았다. 이와 같은 불행이 여러분 누구에게 닥칠지는 아무도 모른다. 하지만 그런 불상사가 제발 나만은 피해가라고 기도하고 간절히 바라는 것만으로는 해결책이 될 수 없다. 방법은 한 가지뿐이다. 깨어 있으라는 것이다.

교회에서 부르는 복음성가 중에 이런 노래가 있다.

"그날이 도적같이 이를 줄 너희는 모르느냐? 늘 깨어 있어라! 잠들지 말아라!"

종교적으로는 다른 의미겠지만, 적어도 경계근무에 임하는 우리들에게는 딱 와 닿는 말이 아닐까 한다. 위 사례에서 보듯, 북한군 병사는 도적처럼 아무도 모르게 찾아와 군과 국가에 평생을 바친 여러 장군들과 장교들을 추풍낙엽처럼 한 방에 보내버렸고, 대한민국을 전율시켰으며, 전 군을 긴장하게 만들었다.

그러니 깨어 있어라! 후임병에게 경계를 맡긴 채 잠들지 마라! 불운의 주인공이 되지 않으려면 말이다. 여러분은 부대와 나라를 지키는 가디언들guardians이다. 비록 어제 같은 오늘일지라도 근무명령서 상에서 여러분에게 주어진 1시간만큼은 오롯이 여러분에게 맡겨진 시간이다. 여러분의 경계근무가 "근무 중 이상 무!"라는 보고와 함께 끝날 수 있기를 희망한다.

PART 3

반납한 청춘
100배로 돌려받기

새 인간으로 다시 태어나기

아바타의 고뇌

어리바리 군생활을 시작한 이등병들이 군대생활에 적응하고 편하게 간부들을 대하기 시작할 때면 인생 문제나 진로 문제로 상담을 요청하는 경우가 많다. 대부분의 경우가 지금의 전공이 자기와는 맞지 않는다는 얘기다. 당연히 그렇지 않겠는가? 태어나서 지금까지 여러분이 여러분 자신의 삶을 살아왔다고 자신할 수 있는가? '100퍼센트 아니올시다'다.

병사들을 강당에 모아놓고 간단한 영어 단어 하나를 칠판에 적는다. 단어의 뜻을 아는 사람은 손들고 대답해보라고 한다. 너무 간단한 단어라 그냥 대답이 나올 거라는 기대는 보기 좋게 빗나간다. 오렌지를 '아륀쥐'라고 발음하게끔 혓바닥 아래 설소대까지 잘라가며 영어교육을 강요받고 자란 세대들임에도 간단한 영어 단어 하나조차 알지 못한다는 사실은 그야말로 충격이었다.

여기에서 알 수 있는 것은 그동안의 모든 공부가 하고 싶어서 한 공부가 아니었다는 점이다. 하라고 하니까, 해야 할 것만 같으니까 했던 공부였다. 나를 위한 공부가 아니라 부모님과 선생님의 기대치에 맞춰 주기 위한 공부였다. 그렇게 공부했던 것들이 머릿속에 제대로 기억될 리가 있겠는가?

대학 전공도 마찬가지다. 그 전공을 선택한 계기를 물어보면 자의自意는 20퍼센트 정도이고 80퍼센트가 타의他意에 의한 반강제적 선택이었다고 대답한다. 여기서 자의 20퍼센트란 자신의 성적이 그 대학 그 전공을 택할 수밖에 없었던 만큼 자신에게도 그만큼의 책임이 있다는 말이다. 나머지는 순전히 대학을 가야만 하는 주변의 압박 때문에 울며 겨자 먹기로 간 것에 지나지 않는다. 자신의 성적 범위 내에서 지원할 수 있는 대학을 대충 고르고, 그 성적으로 갈 수 있는 전공도 대충 고른다. 그렇게 해서 선택한 전공이 마음에 들 리 만무하다.

그동안의 삶은 여러분의 의지로 살아온 삶이 아니다. 부모님의 기대와 선생님의 권유에 따라 살아온 삶이다. 그것을 인식하게 되는 시간이 바로 군복무 시절이다. 입대 전에는 그게 당연하고 옳은 것인 줄 알고 맹목적으로 그렇게 살아왔다. 굳이 옳고 그름을 판단할 필요도 없었다. 모두가 그렇게 살아가고 있었으니까. 그런데 군 입대 후 익숙한 환경으로부터 벗어난 상태에서 제3자적 관점에서 객관적으로 자신의 삶을 돌아보게 되고, 그 과정에서 뭔가 크게 잘못됐음을 조금씩 깨닫기 시작한다. 그리고 내면에서 희미하게 울려나오는 소리에 귀를 기울인다.

"지금까지 나는 아바타로 살아왔다. 이대로는 더 이상 안 된다. 어딘가에 내 길이 있을 것이다."

애벌레가 번데기를 거쳐 나비가 되듯, 사람도 거듭나는 시점이 두 번 있다. 군대 시절이 그 첫 번째고 불혹不惑의 나이에 맞는 사추기思秋期가 그 두 번째다. 이 시기가 되면 우리는 관성과 본성의 충돌로 심한 내적 갈등을 경험하게 된다. 이때 관성을 따르게 되면 관성이 주는 편안함을 누릴 수는 있지만 거듭남은 있을 수 없다. 나비의 본성을 갖고 있으면서도 평생 배로 기어 다니는 애벌레의 삶을 살아야 한다는 말이다. 여러분은 모두 그 첫 번째 관문 앞에 서 있다. 관성이냐 본성이냐는 온전히 여러분의 결정에 달려 있다. 물론 그 결정에 따라 여러분의 인생은 달라질 것이다.

비우고 버리고 죽어야 산다!

관성과 본성 사이에서 갈등하는 가장 주된 이유 중 하나는 '아깝다'라는 손해의 감정 혹은 손실의 고통 때문이다. 그동안 살아온 것과 노력해온 것들을 쉽게 포기할 수가 없다. 그 자체가 곧 '나'이므로! 그것을 포기한다는 것은 나를 부정하는 것과 같다. 그래서 대부분의 젊은이들이 고민은 없었다는 듯이 다시 예전의 자기로 돌아가 심적 편안함에 안주해버리고 만다.

자못 진지한 표정으로 상담을 신청하는 병사들에게 내가 들려주는 대답은 언제나 한 가지였다.

"죽기 살기로 꼭대기까지 다 올라간 뒤에야 비로소 그 사다리가 다른 곳에 걸쳐져 있음을 깨닫고 후회하는 우를 범하지 마라. 청춘 다 지나간 뒤 후회하기보다는 조금밖에 올라가지 않은 지금이 사다리를 바른 곳에다 걸쳐놓을 수 있는 최적의 시간이다."

지금까지 일궈온 모든 것을 포기한다는 건 실로 아까운 일임에 틀림없다. 그러나 그게 아까워서 그 길이 아닌 줄을 뻔히 알면서 진로 변경을 하지 않는 것은 "나는 영원히 아바타로 살겠다"라고 선포하는 것과 다름없다. 평생 누군가의 조종을 받으면서. 조종을 받는 것에서 편안함과 안정감을 느끼는 사람도 있는 법이니 강요는 하지 않지만 안타깝다. 생의 어느 시점에 가서 지금의 결정을 후회할 순간이 반드시 찾아오니까 말이다.

그러면 어떻게 해야 진정한 나의 길을 찾을 수 있을지가 궁금해진다. 이 물음은 여러분이 태어나기 전 하늘나라에 있었을 때에는 분명알고 있었을 것이다. 다만 망각의 주사를 맞고 다 잊어버린 채로 태어나 지금까지 흘러온 것이다. 그러니 그 답을 찾는 것은 여러분의 근원으로 거슬러 올라가야 하는 매우 어렵고 힘들고 꽤 오랜 시간이 소요되는 일이다. 20여 년 동안 세포 하나하나에까지 아로새겨진 관성의 습성을 벗겨내는 일이 생각만큼 쉬운 일이 아니다. 하지만 두드리는자에게 문은 열리는 법이다.

한낱 기어 다니기만 하며 풀잎만 갉아먹고 살던 애벌레가 하늘을 날아다니며 꽃과 꽃을 오가며 꿀을 빨아먹는 화려한 나비로 거듭날 수있었던 데에는 '번데기'라고 하는 고통의 과정이 있기 때문이다. 번데기가 되는 순간 애벌레는 애벌레로서의 모든 기억과 습성을 잊는다. 다 버린다. 애벌레로서의 삶을 포기한다. 그런 연후에 완전히 다른 삶인 나비로 재탄생할 수 있게 된다.

우리도 마찬가지다. 아까워도 모두 버려야 한다. 우리의 정신세계를 가득 채우고 있는 아바타의 잔재들을 모두 비워내야 한다. 한 번 잘못그린 그림에 덧칠한다고 해서 새 그림이 될 수 없다. 덧칠을 할수록 더

흉해질 뿐이다. 새로운 캔버스에 처음부터 다시 그려야만 한다. 우리도 인생을 다시 써 내려가야 한다.

네가 없으면 세상이 얻지 못하는 것! 그것이 네 길이다

사람마다 타고난 재주와 재능이 따로 있다. 김연아가 있었기에 전 세계인이 피겨 스케이팅을 통해 감동의 카타르시스를 느낄 수 있었던 것과 같다. 여러분이 있음으로 해서 이 세상이 얻게 될 유익이 분명 존재한다. 그것을 찾아라! 앞서 알려준 대로 경계작전에 투입되어서도 졸지 말고 사색하라. 고민에 고민을 거듭해라.

함께 생활하는 가운데 매시간 여러분을 지켜보고 평가하는 동료들에게도 물어보라. 여러분 각자의 장점과 단점이 무엇이며, 무엇에 소질이 있고 무엇에 소질이 없는지를. 그리고 여러분의 내무반과 소대, 중대의 동료들은 다양한 배경과 성장 환경을 가진 사람들로 구성되어 있다. 그들 한 명 한 명과 대화를 나눠보라. 그러는 가운데 여러분이 가야 할 길을 찾아낼 단서를 얻을 수도 있다.

그래도 답을 찾지 못했다면 다시 원점으로 돌아가라. 답은 여러분 각자가 이미 가지고 있을지도 모른다. 누구나 살아오면서 어떤 특정 행동을 하면서 유난히 즐겁고 몰입되는 느낌을 가졌던 기억을 하나

여러분이 있음으로 해서 이 세상이 얻게 될 유익이
분명 존재한다. 그것을 찾아라!
함께 생활하는 가운데 매시간 여러분을 지켜보고
평가하는 동료들에게로 돌아보라.
여러분 각자의 장점과 단점이 무엇이며,
무엇에 소질이 있고 무엇에 소질이 없는지를.
그리고 여러분의 내무반과 소대, 중대의 동료들은
다양한 배경과 성장 환경을 가진 사람들로
구성되어 있다. 그들 한 명 한 명과 대화를 나눠보라.
그러는 가운데 여러분이 가야 할 길을 찾아낼
단서를 얻을 수도 있다.

정도쯤은 다 가지고 있다. 그걸 기억해낸다는 것은 풍랑이 몰아치는 망망대해에서 현재의 위치를 알려주는 부표를 발견해내는 것과도 같다. 이는 다시 길을 잃을 염려가 없다는 뜻이다. 바로 그 기억에서 여러분이 앞으로 나아가야 할 길을 도출해내야 한다.

만약 여러분이 가야 할 길을 찾아냈다면 다음으로는 로드맵을 구상해봐야 한다. 이는 전공의 변경이나 아예 대학 이외의 독자적인 길을 고려해볼 수도 있다. 아니면 전역 후에도 좀 더 시간을 갖고 여러 분야를 경험한 뒤 결정할 수도 있다. 또는 매우 도전적이고 모험적으로 세계여행이나 무전여행을 계획해볼 수도 있다. 여행이란 결국 나를 찾기 위해 세상을 방황하는 것이니까.

출발선상에 서다

이것이 여러분의 새로운 출발선이다. 여러분이 어떤 환경에서 태어나 어떤 길을 걸어왔건 군 입대와 동시에 리셋reset되고, 여러분 앞에 새로운 출발선이 그어진다. 물론 출발선은 여러분이 어떤 길을 가야 하는지에 대한 해답을 발견한 바로 그 시점이다. 그러므로 사람들마다 출발선이 전부 다를 수 있다. 해답을 빨리 찾은 사람은 그만큼 유리할 것이고, 그렇지 못한 사람은 불리할 것이다. 또 어떤 사람은 평생 출발선에 서보지 못할 수도 있다. 똑같은 군복을 입고 똑같은 밥을 먹고 똑같은 훈련을 하며 똑같이 군생활을 하고 있지만, 10년이 지나고 20년이 지난 후의 모습은 차이가 크게 벌어져 있을 것이다.

이렇게 여러분이 가야 할 길을 찾는 것을 강조하는 이유는 어떻게 가야 할지에 대한 방법론을 정하는 데 있어 길잡이가 되어주기 때문이다. 이러한 성찰이 전제되지 않은 가운데 무턱대고 자격증을 수십 개나 따거나 다양한 스펙을 쌓는 행위는 권장하고 자랑할 사항이 아니라 시간 낭비에 노력 낭비, 돈 낭비에 불과하다. 언제나 목표 설정이 우선이고 방법은 그 다음이다.

이제 여러분은 남은 군생활 동안 여러분의 길을 가는 데 필요한 역량을 구비하는 데 초점을 맞추면 된다. 그것이 군대에서 해야 할 자기 계발의 목표다. 반납한 청춘을 100배로 돌려받기 위한 위대한 플랜의 출발점이다.

아! 노파심에서 하나만 더 얘기하자. 여러분이 군복무 기간 동안에 자신만의 길을 찾지 못한다 해도 실망하지 마라. 인생길 가는 도중에도 시시때때로 여러분의 발목을 잡고 앞으로 못 나가게 만드는 힘이 느껴질 때가 있다. 에릭 시노웨이Eric Sinoway가 쓴 『하워드의 선물』이라는 책에서는 이를 '전환점'이라는 말로 표현하기도 했는데, 어쨌든 뭔가 공허하고 잘못된 느낌이 들 때가 바로 그때다. 그 순간이 전환점이라는 사실을 인식하고 방향 설정을 해도 늦지 않다. 인생에 늦은 때란 없으니 말이다.

자기계발로
셀프 업그레이드하기

절박함이 무기다

한국 광고음향의 대부라 불리는 김벌래 씨는 "요즘 같은 시대에 꿈을 이루는 게 쉽지 않다"고 하소연하는 젊은이들에게 다음과 같이 일침을 놓았다.

"여러분이 꿈을 이루지 못하는 것은 그 꿈이 이루지 못할 만큼 크거나 원대해서가 아닙니다. 여러분의 꿈이 절박하지 않기 때문입니다."

한 강연에서 그를 본 적이 있다. 그는 학력이 고졸밖에 안 되는 사람이 대학교수를 하고 있으니 출세한 거 아니냐며 자랑한다. 알고 보면 그는 자수성가한 사람의 대명사다. 어린 시절 유랑극단을 쫓아다니며 온갖 심부름을 도맡아 했고, 성인이 된 뒤에는 음향에 관심이 있어 방송국 말단 기사로 취직해서 일했다. 남들 퇴근하면 혼자 남아 밤새도록 음향 장비들을 만져가며 그 분야의 지식과 경험을 쌓아나갔다. 그러던 중 펩시콜라 사에서 병마개를 따는 순간의 음향 효과를 만들어달라는 제의를 받게 되었고, 수백 개의 풍선과 콘돔을 터뜨려가며 실험한 결과 성공을 거두게 된다. 이를 계기로 그는 광고 음향의 일인자로 거듭나게 됐고, 한국의 음향산업의 대부가 될 수 있었다. 절박함의 승리라 할 수 있다.

여러분은 지금 얼마나 절박한가? 군복무 2년의 세월을 그냥 국가에 반납해도 괜찮을 만큼 한가한가? 아니면 군생활 2년이 아까울 만큼 여러분 자신의 꿈에 절박한가? 여러분 자신의 모습을 한 번 돌아보며 진단해보자. 입대를 앞둔 시점이라면 군복무 기간 동안 내 청춘을 국가에 바치는 대신 나는 무엇을 얻고 나올 것인가에 대한 목표가 있는지, 만약 현재 군복무 중이라면 세월아 네월아 하며 전역 날짜만 기다리며 시간을 축내고 있는 건 아닌지 생각해볼 일이다.

꿈이 있고 그 꿈에 절박하게 매달리는 사람은 어떤 환경에 처해도 자신이 해야 할 일을 한다. 반면 꿈이 없거나, 있다 해도 그렇게 절박하지 않은 사람은 아무리 시간과 여건이 풍족하게 주어져도 자신이 해야 할 일을 하지 않는다.

〈개그 콘서트〉를 보면 '안 생겨요!'라는 코너가 있다. 아무리 노력해도 여자 친구가 안 생긴다는 얘기를 재미있게 구성하여 웃음을 자아내게 만든다. 아마 여러분 중에도 이런 말을 할 수 있다. "절박함이 중요하다는 건 알겠는데 아무리 마음을 다잡고 노력해도 안 생기는 걸 어떻게 합니까?"라고 말이다.

절박함이란 만들어내는 것이 아니라 우러나는 것이다. 달인으로 유명한 김병만 씨는 자신의 성공 뒤에 감춰진 역경과 고난의 이야기들을 담아 책으로 펴냈는데, 그 책의 제목이 "꿈이 있는 거북이는 지치지 않습니다"이다. 반드시 이루고자 하는 꿈이 있다면 고통과 시련, 슬픔과 아픔도 모두 이겨낼 수 있다는 말이다. 아이돌 스타처럼 자고 일어났더니 유명인이 된 것이 아니더라도, 거북이처럼 꿈을 향해 한 발 한 발 가다 보면 그 꿈을 이룰 수 있다는 말이다.

여러분의 꿈이 군대라는 환경 속에서는 아무 노력도 할 수 없는 그런 꿈인가? 그렇다면 그 꿈은 절박한 꿈이 아니다. 절박한 꿈이란 언제 어디서라도 여러분의 심장에 불을 당길 수 있는 것이어야 한다. 그 것만 생각하면 가슴이 뛰고, 마치 상사병에 걸린 사람처럼 간절히 바라고 추구해야 한다. 김대중 대통령은 감옥에서도 책을 읽었고, 소프트뱅크의 손정의 씨는 병상에서도 책을 읽었다. 꿈이 있다면, 인생의 목표가 있다면 환경은 중요하지 않다. 오직 절박함의 문제만 있을 뿐이다.

군대라는 열악하고 제한된 여건 하에서도 자기계발을 해야 하는 이

여러분의 꿈이 군대라는 환경 속에서는
아무 노력도 할 수 없는 그런 꿈인가?
그렇다면 그 꿈은 절박한 꿈이 아니다.
절박한 꿈이란 언제 어디서라도 여러분의 심장에
불을 당길 수 있는 것이어야 한다.
꿈이 있다면, 인생의 목표가 있다면 환경은 중요하지 않다.
군대라는 열악하고 제한된 여건 하에서도 자기계발을 해야 하는
이유가 바로 여러분에게는 인생의 꿈이 있기 때문이다.
이런 관점에서 여러분 스스로를 다시 한 번 돌아보고
추스를 수 있는 시간을 갖기 바란다.

유가 바로 여러분에게는 인생의 꿈이 있기 때문이다. 이런 관점에서 여러분 스스로를 다시 한 번 돌아보고 추스를 수 있는 시간을 갖기 바란다.

진중문고 독파하고, 전우들 책 돌려보기

군대에서 할 수 있는 최고의 자기계발은 단연 독서다. 탁구나 당구처럼 도구가 있어야 하는 것도 아니고, 기술이 뛰어날 필요도 없고, 인원 수에 제한이 있는 것도 아니다. 글자 읽을 줄 알고 읽을 책 한 권만 있으면 쉬는 시간 언제 어디서라도 할 수 있는 것이 독서다.

나는 책 읽기를 좋아한다. 그래서 각종 신상명세서를 작성할 일이 있으면 취미란에다 '독서'라고 적는다. 다른 친구들이라면 골프, 테니스, 등산 등과 같은 거창하고 역동적인 취미를 적을 테지만, 나는 당당히 독서라고 적는다. 이런 운동도 적당히 하면 나쁘지 않지만, 얻는 건 없고 잃는 건 많다는 것이 내 주관이다.

독서는 100년도 못 사는 존재가 수천 년의 세월을 뛰어넘을 수 있는 가장 훌륭한 방법이다. 내가 살아보지 않는 세계를 경험해볼 수 있는 가장 멋진 수단이다. 나보다 먼저 이 세상을 살았던 사람들이 평생에 걸쳐 터득한 인생의 지혜와 세상살이의 비밀들을 단 몇 시간 만에 얻을 수 있는 마법 같은 일이다. 다종다양한 사람들의 인생을 엿볼 수 있고 그들과 공감할 수 있는 최선의 통로다.

교보문고를 설립한 신용호 회장은 불우했던 청년기에 독서를 통해 인생의 목표를 정하고 자수성가한 사람의 대표적인 예다. 그가 남긴 다음의 말은 우리에게 시사하는 바가 크다

"사람은 책을 만들고 책은 사람을 만든다."

만유인력의 법칙을 발견한 뉴턴Isaac Newton도 자신이 그 법칙을 발견할 수 있었던 이유가 "거인들의 어깨 위에서 세상을 보았기 때문"이라고 밝혔다. 즉, 독서를 통해 선인들의 지식을 흡수한 덕분이라는 말이다. 초등학교도 제대로 나오지 못한 에디슨Thomas Alva Edison이 발명왕이 될 수 있었던 것도 도서관에서 폭풍 독서를 한 덕분이다.

학교는 여러분에게 충실한 일꾼이 되는 법을 알려주지만, 책은 여러분을 예술가, 사업가, 모험가가 되는 방법을 가르친다. 학교는 여러분에게 정답을 주입시키지만, 책은 여러분에게 상상력과 무한한 가능성의 세계를 열어준다. 학교는 여러분에게 복종을 가르치지만, 책은 여러분에게 변화와 도전을 꿈꾸게 한다. 학교는 여러분에게 어둡고 참담한 현실 속에서 살아가라고 말하지만, 책은 여러분에게 세상은 꿈꾸는 대로 바꿀 수 있다고 말한다.

책을 봐라.

아무리 허름하고 열악한 부대라도 작은 도서관 하나쯤은 있다.

군생활이 끝날 즈음에는 부대에 있는 책을 한 번은 다 읽어봐야 한다.

어떤 장르의 책이든 가리지 말고 읽어라.

세상에 나쁜 책은 없다.

특히 부대에 있는 책들은 정보장교나 지휘관에 의해 검토를 마친 후

들여온 책들인 만큼 더더욱 나쁜 책은 없다.

혹시 아는가? 엉뚱한 책에서 여러분의 길을 발견하게 될지!

그런 식으로 독서의 양을 늘려나가라.

학교에서 배울 수 없었던 방대한 지식이 머릿속에 채워지는 것을

경험하게 될 것이고, 인생과 세상을 바라보는

제3의 눈을 뜨게 될 것이다.

그러니 책을 봐라. 아무리 허름하고 열악한 부대라도 작은 도서관 하나쯤은 있다. 군생활이 끝날 즈음에는 부대에 있는 책을 한 번은 다 읽어봐야 한다. 개중에는 인문고전도 있을 것이고, 자기계발서와 같이 여러분에게 자극을 주는 책도 있을 것이며, 판타지 소설처럼 상상력을 자극하는 책도 있을 것이다. 요즘 인문고전을 강조하는 경향이 있지만, 나는 어떤 장르의 책이든 가리지 말고 읽으라는 말을 해주고 싶다. 고상한 사람들이라면 판타지 소설을 보는 것 자체를 낭비라고 생각할 수도 있지만, 그것을 통해 상상력과 사고의 폭을 넓힐 수도 있고, 여러분 속에 잠재된 소설작가로서의 능력을 끄집어내는 계기가 될 수도 있다.

아인슈타인Albert Einstein이 위대한 과학자가 될 수 있었던 것은 5살 때 아버지로부터 선물로 받은 작은 나침반 때문이었다. 그 작은 나침반이 꼬마 아인슈타인의 머릿속에 잠들어 있는 과학적 호기심을 발동시킨 것이다. 워렌 버핏Warren Buffett이 위대한 투자가가 될 수 있었던 것도 어린 시절 껌팔이 경험을 통한 부의 원리를 알게 된 덕분이다. 바람의 딸 한비야 씨가 걸어서 지구를 한 바퀴 여행할 수 있었던 것도 어린 시절 선물로 받은 지구본 때문이었다. 지구본에서 본 대륙들이 모두 붙어 있어서 걸어서 가도 충분히 갈 수 있겠다는 생각을 했기 때문이다.

그러니 편식하지 말고 다 읽어라. 세상에 나쁜 책은 없다. 특히 부대에 있는 책들은 정보장교나 지휘관에 의해 검토를 마친 후 들여온 책들인 만큼 더더욱 나쁜 책은 없다. 혹시 아는가? 엉뚱한 책에서 여러분의 길을 발견하게 될지!

부대의 책으로 부족하면 전우들과 책을 바꿔가며 읽어라. 어차피 전문서적이 아닌 바에야 한 번 읽으면 웬만큼 다 기억되고 두 번 볼 일은 없다. 함께 생활하는 여러분의 전우들 또한 여러분과 같은 목적에서 책을 읽는다. 그러니 그에게 유익한 책은 나에게도 유익한 책이라고 봐도 무방하다. 그런 식으로 독서의 양을 늘려나가라.

학교에서 배울 수 없었던 방대한 지식이 머릿속에 채워지는 것을 경험하게 될 것이고, 영화 〈매트릭스〉에서 주인공 네오가 매트릭스 세계를 꿰뚫어볼 수 있게 된 것과 같이 여러분 또한 인생과 세상을 바라보는 제3의 눈을 뜨게 될 수 있을 것이다. 그렇게 되면 여러분은 마치 하늘 위에서 세상을 바라보는 것과 같고, 부처의 눈으로 자신의 손바닥 보듯 세상을 보게 되는 안목을 갖게 될 것이다. 뉴턴처럼 거인들의 어깨 위에서 세상을 바라보는 멋진 경험을 하게 될 것이다.

자격증 따고 스펙 쌓기

요즘 군대 좋아졌다는 말들을 많이 한다. 확실히 많이 좋아졌다. 이런 변화는 정치사의 발전과도 그 맥을 같이한다. 만일 충성과 복종, 희생을 미덕으로 여기는 군사정권이 지속되었다면 이런 변화는 불가능했을 거라는 게 내 생각이다. 문민정부로부터 참여정부를 거쳐 지금에 이르기까지 대한민국의 민주화가 진행되어온 과정과 맥을 같이하여 군대 또한 복지의 사각지대를 없애고 처우를 개선하는 데 비로소 노력을 기울이기 시작했다. 젊은이들의 군복무가 대통령 선거의 쟁점 이슈로 부각되면서 정치권의 관심도가 높아졌고, 생산적인 군복무를 위해 정부 차원의 배려와 지원도 끊이지 않고 있다.

이런 까닭에 최근에는 병사들도 군대생활을 하면서 수많은 자기계발 노력을 하고 있는데, 그중에서도 대표적인 것이 자격증 취득이다. 아무래도 전역하면 곧바로 부닥치게 될 현실이 취업 아닌가? 이를 위해서는 틈날 때마다 공부하고 노력해서 스펙 하나라도 더 쌓아놔야 한다. 그렇게 하기에 자격증만큼 좋은 것도 없다.

포대장 시절을 떠올려보면 주기적으로 각종 국가자격증 시험에 응모할 병사를 지원받았던 기억이 있다. 컴퓨터 관련 자격증은 물론, 한자 자격증, 중장비 면허증 등 다양했던 것 같다. 아마 지금은 이런 기회가 더 많이 늘어나고 부대 차원에서의 배려와 지원도 더 많아졌으리라 생각된다.

이외에도 조금만 관심이 있는 병사들은 토익, 텝스 등과 같은 영어 시험 일정에 맞추어 휴가 계획을 세운다. 이런 경우가 가장 바람직하고 권장할 만하다고 판단된다. 이유인즉, 단기 목표가 생겼고 그에 맞추어 공부를 해나갈 수 있기 때문이다. 아울러 부대원들 중에서 함께

할 수 있는 동료를 물색해서 같이 준비한다면 자격증 취득에 필요한 지식과 노하우를 공유할 수 있다. 혼자 고군분투하는 것보다 훨씬 수월하게 준비할 수 있고, 그 준비 과정이 외롭지 않다는 점은 덤으로 얻을 수 있는 장점이 아닌가 생각한다.

소셜네트워크 대표 박수왕 씨는 인사과 행정병으로 복무했다. 어리바리하던 이등병 시절 실수로 파일을 날리고 주변의 따가운 시선을 의식하며 힘들게 생활했다. 그러던 중 선임병들조차도 자신을 우러러볼 수 있을 만큼 실력을 쌓겠다고 다짐하고는 관련 책자를 사다가 공부했다. 그렇게 한 공부 덕분에 컴퓨터 활용능력 1·2급, 워드프로세서 1·2급, MOS 등 컴퓨터 관련 자격증을 땄다. 이런 자신감에 힘입어 원래 전공이었던 경제학과 관련된 경영컨설턴트 자격증, 유통관리사 자격증, 증권투자상담사 자격증 등 8개의 자격증을 추가로 딸 수 있었다고 한다.

행정병이니까 가능하다는 말은 하지 마라. 일반 전투병은 화끈하게 훈련하고 깔끔하게 쉴 수 있지만 행정병의 일과는 화끈함과는 거리가 멀다. 기본 업무도 다양하고 복잡할뿐더러 수시로 간부들에게 불려가거나 야근을 해야 하는 상황도 많다. 차라리 몸이 힘든 게 훨씬 낫다. 행정병은 정신적으로 힘들고 피곤하다. 전투병처럼 개인시간을 거의 갖기 힘들다. 그런 와중에서 저렇게 수많은 자격증을 딸 수 있었던 것은 오로지 개인의 각오와 노력 덕분이다. 그렇다면 일반 전투병이 대다수인 여러분은 충분히 가능하고도 남는다는 말이다.

어영부영 2년 때우고 나온다는 생각일랑 아예 접어라. 많은 것을 각오하지 않아도 좋다. 영어면 영어, 컴퓨터면 컴퓨터 딱 하나만이라도 최고 등급의 자격증을 따겠다는 일념으로 들어가라. 그게 여러분 안의 잠자는 능력을 깨워 또 다른 자격증에 도전하게 만들지도 모르지 않겠는가? 군에 입대하지 않고 사회에서 그대로 2년을 보냈다면 가능하겠는가? 절대 그렇지 않다. 불확실한 앞날을 걱정하는 가운데 현실과 세상에 대한 불평불만만 늘어놓으며 빈둥댈 것임은 여러분이 더 잘 알 것이다.

이것이 반납한 청춘 2년을 100배 이상으로 돌려받는 방법이다.

사이버 지식 정보방을 활용한 학점 따기

"군대 가면 썩는다!"라는 말은 군대를 표현하는 가장 대표적인 표현이었다. 그래서 소중한 인생의 2년을 군대에 반납한다고 말하는 게 아니겠는가? 그러나 이제는 그 말도 역사 속으로 사라져야 할 것 같다. 이제는 굳이 썩으려고 마음을 먹어야만 썩을 수 있게 되었으니까 말이다.

앞에서 얘기했듯이 '장병들을 위한 생산적인 군복무 여건 조성'은 대통령부터 관심을 갖는 국방 분야 주요 쟁점 사안이다. 그런 만큼 국방부가 뒷짐만 진 채 가만히 있을 수는 없는 노릇이다. 군에서 자체적으로 계획해서 실행하는 일은 더디고 더디다. 반면 대통령이 한 마디 하면 군에 맡겨놓으면 10년도 넘게 걸릴 일이 단 며칠 만에 전격적으로 처리되는 경우가 많다. 그만큼 장병들이 군에서 썩지 않도록, 2년의 공백이 말 그대로 '공백'이 아닌 의미 있는 시간이 될 수 있도록 정부와 군에서 지대한 관심을 가지고 있다는 얘기다.

그래서 현재 웬만한 부대에는 '사이버 지식 정보방'이라고 하는, 쉽게 말해 원격교육이 가능한 PC방이 설치되어 있다. 국방부와 학점 인정 협약을 맺은 대학교들도 점점 늘어나고 있는 추세다. 사이버 지식 정보방을 활용하여 원격으로 강의를 수강할 수 있고 학점도 취득할 수 있다. 학점 연계가 되므로 전역 후 학위 취득이 보다 용이해진다.

그러나 군대는 군대다. 학교처럼 수업시간을 완벽하게 보장해줄 수 없는 곳이 군대다. 언제 비상 상황이 발생할지 모르고, 분기마다 혹은 반기마다 돌아오는 야외 전술 훈련, 유격 훈련이나 혹한기 훈련 등 굵직굵직한 훈련들이 연달아 있기 때문에 규칙적으로 강의를 수강하기가 쉽지 않다. 거기에다 PC 활용이 무료가 아니라 유료라는 점에서 경제 사정이 뻔한 병사들의 입장에서는 쉽지 않은 선택일 수 있다. 다만 2017년까지 무료로 활용할 수 있도록 추진한다고 하니 그렇게 되면 그 이후 입대자들은 혜택을 볼 수 있겠다.

이론적으로는 아름답고 팬시해 보이지만, 아무리 군대가 좋아졌다고 해도 현실적 괴리감이 있는 것은 사실이다. 그런 만큼 군에서 자기계발을 할 수 있는 방법 중에 이런 방법도 있다는 것을 알아두면 좋을 것이다.

약골에서 몸짱으로

외모에 가장 많은 신경을 쓸 때다. 철철 넘쳐흐르는 남성 호르몬만큼이나 매력을 발산하기 위한 욕구도 큰 시절, 군대에서 할 수 있는 가장 좋은 것은 뭐니 뭐니 해도 바디빌딩만한 게 없다. 요즘 군대는 병사들의 지적 계발에 부쩍 열을 올리고 있는 추세지만, 그래도 군대 하면 체력이 우선이다.

아무리 외딴 오지에 동떨어진 부대라도 체력단련장만큼은 필수적으로 설치되어 있다. 바벨이나 아령은 기본이고, 싯업보드, 벤치프레스, 다기능 헬스기구 등 웬만한 운동기구들은 다 갖추고 있다. 근래 들어 부쩍 몸짱 열풍이 불면서 사단장을 비롯한 지휘관들의 관심 또한 높은 상황이다. 따라서 병사들이 체력단련을 할 수 있는 여건을 마련해주는 것은 부대 간부들의 가장 기본적인 임무 중 하나다.

미국의 몸짱 스타인 영원한 터미네이터 아놀드 슈워제네거가 바디빌딩을 하게 된 계기가 어린 시절 약골에서 탈출하기 위해서였음은 너무도 잘 알려진 사실이다. 만약 여러분의 체력이 약하고 체격이 왜소하여 늘 콤플렉스를 느끼고 있었다면 군대생활이 몸짱으로 거듭날 수 있는 절호의 기회다. 학문적으로 여러분을 지도해주거나 가르쳐줄 수 있는 사람은 거의 없어도, 바디빌딩에 있어서만큼은 여러분을 지도해줄 사람은 널리고 널려 있으니까.

사이버 외교사절단 '반크VANK, Voluntary Agency Network of Korea'의 단장으로 활동 중인 박기태 씨는 군 입대 전 약골이었다고 한다. 그 때문에 주변 사람들의 걱정을 많이 듣고 입대를 했다. 거기에다 엎친 데 덮친 격으로 동부전선 최전방 부대의 중화기중대에 배치되어 박격포 포판을 메고 다녀야 했다. 허약한 체력 탓에 정신력만으로 버티기 힘들다고 판단하여 결심한 것이 체력단련이었다. 매일 1시간씩 운동을 한 결과 더 이상 낙오하지 않는 강인한 체력을 키울 수 있었다고 한다.

군대만큼 체력단련하기에 좋은 곳도 없다. 사회에서는 집, 학교 혹은 직장, 헬스장이 거리적으로 떨어져 있어 웬만큼 강한 의지가 아니고서는 대부분 작심삼일로 끝나기 일쑤다. 그러나 군대는 집, 직장, 헬스장이 한곳에 다 있다. 내무반이 곧 직장이고, 그 직장 안에 헬스장도 있다. 그저 가벼운 복장으로 갈아입고 헬스장에 가기만 하면 된다. 나머지는 여러분의 몸에 맡겨라. 몸짱이 되고 싶어 하는 여러분의 몸이 알아서 운동을 할 것이다. 참 쉽지 않은가?

헬스가 좋은 것은 몸짱이 될 수 있다는 점 외에도 스트레스 해소에 크게 도움이 된다는 점이다. 출신 지역, 성장 배경, 학력 수준, 사회 경험 등이 모두 제각각인 사람들이 한데 모여 좁디좁은 공간에서 계급이라는 위계질서 속에서 살아가는 곳이 군대다. 늘 긴장의 연속이다. 스트레스가 없을 수가 없다. 이를 적절히 해소하거나 방출하지 못하면 사고로 이어질 가능성이 크다. 여기에 특효약이 바로 헬스다. 여자 친구도 여러분의 응석을 받아주지 못한다. 사회에 있는 친구도 여러분의 언어를 알아듣지 못한다. 군에 입대해 있는 친구들도 제 코가 석 자다. 부모님께는 걱정 끼치고 싶지 않다. 달리 방법이 없다. 헬스밖에는! 헬스를 하며 체내의 단백질을 태우듯 여러분의 스트레스도 함께 태워버려라! 스트레스도 풀고 몸짱도 되고 일석이조 아닌가?

아! 하나 더 있다. 운동 삼매경에 빠져 있다 보면 시간도 잘 간다. 이제 일석삼조다!

자기계발은 말 그대로 자기 스스로 하는 것이다. 누가 대신해줄 수 없다. 그렇기 때문에 자신만의 목표가 있어야 하고, 그 목표에 대한 절박함과 실천의지가 뒷받침되어야 한다. 그러면 여러분은 전역할 때 전역증 외에도 더 많은 것을 갖고 당당하게 고향 앞으로 갈 수 있다. 반면, 군복무 2년을 국가에 반납한 시간이라 여기고 달력에 곱표 치는 낙으로 산 사람이라면 전역증 달랑 한 장 받아 들고 초라한 모습으로 부대 정문을 나서야 한다.

여러분은 어떤 모습으로 전역하고 싶은가? 비록 여러분이 입대 전이거나 한창 군복무 중일지라도 한 번쯤 전역하는 순간을 상상해보고 그 시점에서 거꾸로 군생활을 돌아보라! 그러면 어떻게 해야 하는지가 보일 것이다. 영화도 보기 전에는 내용을 모르지만, 다 보고 나서 다시 돌려보면 무슨 내용이 어떻게 전개될지 다 아는 것과 같은 이치다.

여러분 인생의 소중한 2년을 군에 반납하게 만드는 것은 국가의 의지다. 하지만 그 2년을 온전히 여러분 삶의 소중한 한 부분으로 만들고 100배 이상으로 돌려받느냐 마느냐는 오롯이 여러분의 선택에 달렸다. 부디 현명한 선택을 하기 바란다.

아까운 내 청춘
포상휴가로 돌려받자

포상휴가는 군인을 춤추게 한다

군인은 사기를 먹고 산다. 그 사기를 올려줄 수 있는 방법 중에서 최고의 방법은 단연 포상휴가다. 아무리 긍정적으로 표현한다고 해도 병사들은 법률로 규정된 국방의 의무를 다하기 위해 '끌려온 것'이지 원해서 온 것은 아니다. 시중에 동기 부여에 관한 마법 주문 같은 책들이 아무리 많다 한들 군대에서는 무용지물이다. 써먹을 수 없다. 칭찬은 고래도 춤추게 한다고? 그것도 한두 번이다. 포상이 없는 칭찬은 병사들을 지치게 만들고 자신의 지휘관을 말로 대충 넘어가려는 인색한 사람으로 바라보게 만든다.

그래서 부대 활동 중에서 병사들의 적극적인 참여가 요구되는 활동에는 반드시 포상휴가가 따르게 되어 있다. 특히 부대의 명예와 자존심이 걸린 체육대회나 각종 경연대회의 경우가 대표적인 예다. 사실 '부대의 명예'와 '자존심'은 전적으로 지휘관이나 간부들의 개념이지 병사들의 개념이 아니다. 다분히 추상적이고 와 닿지 않는 개념을 위해 사력을 다해 뛸 병사들이 과연 얼마나 될까? 설령 있다고 해도 동력이 약하다. 체육대회 자체만으로도 고된 훈련보다는 휴식의 개념이 강한 만큼 병사들에게는 일종의 보상이다. 그 이상의 참여를 위해서는 더 강력한 처방이 필요하다. 그것이 곧 포상휴가다.

군대에서는 포상휴가가 병사들을 춤추게 만든다. 그리고 포상휴가를 딸 수 있는 기회가 의외로 많다. 물론 그 포상휴가 전부를 독차지할 수는 없다. 하지만 라디오 프로에 사연을 보내는 사람들 중에서 경품을 위해 없는 사연도 만들어서 보내는 사람도 있듯이, 포상휴가 따는 재미로 없던 재능도 발휘할 수 있는 법이다.

부대마다 그 부대를 대표하는 몇 명의 모범병사들이 있다. 그 병사들의 경우는 모아둔 포상휴가가 너무 많아서 다 못 쓰고 전역할 정도인 경우도 있고, 가까스로 전역 전에 다 쓰고 전역하는 경우도 있다. 또 경우에 따라서는 지휘관의 승인을 얻어 군생활에 활력이 필요한 후임병들에게 나눠주고 전역하는 경우도 있다.

어떤가? 솔깃하지 않은가? 여러분도 충분히 할 수 있다. 단, 하나만 명심하자. 세상에 공짜는 없다. 기브 앤 테이크give & take다. 내가 뭔가를 줘야 받을 수도 있는 법이다. 계속 읽으면서 어떤 분야에서 여러분이 가진 재능을 부대에 줄 수 있는지를 잘 생각해보기 바란다.

포상휴가 종합선물세트 체육대회

체육대회는 통상 부대 창설기념일에 맞추어 개최된다. 최소 대대급 이상 부대는 창설기념일이 다 있기 때문에 대대, 연대, 사단 체육대회가 연중 한 번은 개최된다. 대대 체육대회는 중대 대항으로, 연대 체육대회는 대대 대항으로, 사단 체육대회는 연대 대항으로 진행된다. 따라서 상급 부대 체육대회로 올라가면 갈수록 병사들이 부대 대표선수로 선발되어 출전할 수 있는 기회가 줄어들지만, 어쨌거나 즐겁게 즐기는 동시에 우승하면 포상휴가도 딸 수 있는 체육대회가 그만큼 많다는 사실은 참으로 고마운 일이 아닐 수 없다.

더군다나 창설기념일은 그 부대가 위치하고 있는 지역의 자치단체에서도 관심을 갖는 행사인 만큼 기념품이나 부상 등 푸짐한 협찬이 들어오기도 한다. 그래서 종목별 우승팀은 물론 종합 우승을 차지한 부대는 그야말로 경삿날이라고 해도 무방하다. 물론 선수로 출전하여 포상휴가를 받게 된다면 금상첨화다.

군대 체육대회는 군대 조직의 특성상 개인보다는 단체의 협동심과 조직력을 중시한다. 때문에 사회에서 생활체육으로 각광받고 있는 배드민턴과 같은 종목은 거의 하지 않는다. 잘 알다시피 축구, 족구, 농

미리미리 잘하는 운동 하나쯤은 준비해놓는 게 좋다.
"아! 걔?" 하면 매치시킬 수 있는 대표 종목 하나쯤은
가지고 있대해라. 여러분을 경쟁우위에 서게 해줄 것이다.
타고난 개발이나 타고난 몸치라고 해도 방법이 없는 것은 아니다.
교육훈련이 종료되면 매일 2시간씩 체력단련을 한다.
그 시간을 활용해서 적극적으로 참여하고 기량을 갈고 닦아라.
여러분이 좋아하는 종목을 즐기면서 실력도 쌓고,
우승하면 포상휴가증도 받을 수 있다. 일석삼조다.
해볼 만하지 않은가?

구, 배구 등이 주 종목이고, 여기에 줄다리기, 계주가 포함되는 정도다. 중대 병력이 100명이라고 가정하면 1인당 1종목은 참가할 수 있고, 우승을 꿈꿔볼 수 있다.

아마 여러분은 우승한 팀에게 돌아가는 포상휴가증이 몇 장인지가 궁금할 것이다. 애석하게도 전원에게 다 돌아가지는 않는다. 그럴 수만 있다면 좋겠지만, 과도한 욕심이기도 하다. 다 휴가 가버리면 부대는 누가 지키나? 그래서 통상 종목별 참가 인원의 40퍼센트 선에서 포상휴가증이 수여된다. 그렇다고 아직 실망하지 마라. 대대 체육대회라면 대대장이 주는 포상휴가증이 그렇다는 얘기다. 종목 우승팀이 우리 중대라면 가만히 있을 중대장은 없다. 중대장도 흔쾌히 포상휴가증을 풀 것이라 기대해도 좋다.

그럼에도 불구하고 포상휴가증을 받지 못하는 참가자는 어떻게 될까? 다 같이 고생했는데 누구는 받고 누구는 못 받는다는 건 불공평하지 않은가? 후임병으로 내려갈수록 포상휴가에서 멀어지는 건 아닌가? 실망하지 마라. 현실은 여러분의 생각만큼 각박하지 않다. 여러분의 선임병들이 "내가 다 갖겠소!"라고 할 사람은 없다. 고생한 후임병들을 챙겨주고 싶어 하는 게 선임병들의 마음이고 그것이 전우애다. 선임병들은 그동안 부담스러울 정도로 챙겨먹었을 테니, 챙겨주면 고맙다는 말 한 마디와 함께 못 이기는 척 받으면 된다.

이런 꿈이라도 꿔보려면 미리미리 잘하는 운동 하나쯤은 준비해놓는 게 좋다. "아! 걔?" 하면 매치시킬 수 있는 대표 종목 하나쯤은 가지고 입대해라. 여러분을 경쟁우위에 서게 해줄 것이다. 타고난 개발이나 타고난 몸치라고 해도 방법이 없는 것은 아니다. 교육훈련이 종료되면 매일 2시간씩 체력단련을 한다. 그 시간을 활용해서 적극적으로 참여하고 기량을 갈고 닦아라. 박지성 선수처럼 지치지 않는 체력만 있어도 중대 대표선수로 선발될 수도 있으니까!

한 가지 팁을 알려주겠다. 특정 종목에서 발군의 실력이 있다면 차후 연대, 사단 체육대회에 출전할 선수로 선발될 수 있다. 통상 몇 주 전부터 합숙훈련을 하게 되는데, 여러분이 좋아하는 종목을 즐기면서 실력도 쌓고, 우승하면 포상휴가증도 받을 수 있다. 일석삼조다. 해볼 만하지 않은가?

어차피 인생은 한 방이다.
행사를 노려라!

군대에는 의외로 크고 작은 행사들이 많다. 크리스마스나 부처님 오신 날 등 종교 관련 행사, 집중 정신교육 기간에 시행되는 장기자랑, 지자체에서 실시하는 각종 페스티발, 사단 창설기념일에 맞추어 실시되는 축제, 위문공연 등 셀 수도 없을 정도다.

이처럼 다양한 행사나 축제는 병사들의 적극적인 참여가 필수다. 그런 만큼 푸짐한 선물과 포상휴가증은 기본이다. 여러분이 가지고 있는 노래나 춤 실력, 악기 연주 실력 등 다양한 끼를 발휘할 수 있는 절호의 찬스다. 여기에 출전하여 포상휴가증을 따는 것은 체육대회에서 예선전을 거치며 어렵게 우승하여 포상휴가를 따는 것과는 비교가 안될 정도로 간단한 일이다. 끼만 있으면 별도의 노력과 준비 없이도 이렇게 간단하게 포상휴가를 딸 수 있다.

이처럼 군대에서 개최되는 각종 행사나 축제에 참가하는 것은 포상휴가를 딸 수 있다는 이점 외에도 제법 큰 무대에 올라 수많은 청중들 앞에서 자신의 실력을 뽐낼 수 있다는 장점도 있다. 요즘처럼 예능 분야로의 진출이 용이한 시대적 추세를 고려해본다면 이런 경험들이 큰 도움이 될 수도 있다.

만약 여러분에게 자랑할 만한 멋진 끼가 있다면 숨기지 말고 적극적으로 의사를 밝히고 참여하기 바란다. 꼭 포상휴가 때문만이 아니더라도 모든 부대원들에게 여러분을 홍보할 수도 있고, 이것이 계기가 되어 순탄한 군대생활의 문이 열리게 될 수도 있으니 말이다.

곰도 구르는 재주는 있다.
훈련 유공자 되기!

운동도 못 하고 끼도 없는 사람은 어떻게 해야 하냐고 묻고 싶은 사람도 더러 있을 것이다. 걱정할 것 없다. 대체로 큰 훈련을 마치고 나면 훈련 유공자를 선발해 포상한다. 이 기회를 잘 살린다면 운동을 못 하고 끼 하나 없어도 포상휴가증을 받을 수 있다. 고무적인 사실은 훈련이 체육대회나 행사보다 더 많다는 점이다. 이런 경우는 훈련이 많은 게 이득이 되기도 한다.

그렇다고 지휘관이나 간부들 눈에 띄기 위해서 티가 날 정도로 쇼를 할 필요까지는 없다. 그런 인위적인 노력은 다 티가 나게 되어 있고, 오히려 다른 병사들의 눈에 안 좋게 비칠 수도 있다. 이보다는 그저 여러분에게 주어진 임무를 묵묵히 최선을 다해 수행하기만 하면 된다. 훈련이란 기본적으로 힘든 법이다. 그래서 대부분 쉽게 지치고 힘들어한다. 그런 상황에서 조금만 더 뛰고 조금만 더 수고함으로써 동료들에게 힘이 되어주고 그들의 수고를 덜어준다면, 그들이 먼저 여러분을 유공자로 추천해줄 것이다.

뛰는 병사 위에 나는 간부 있다.
모범병사가 되라!

'대충 살아도 될 놈은 되고, 안 될 놈은 안 된다'라는 사고방식은 사회에서는 통할지 몰라도 군에서는 절대 통하지 않는다. 대충 생활하는 놈은 끝까지 안 된다. 반면 누가 알아주기를 바라지 않고 묵묵히 열심히 하는 병사들은 동화에 나오는 주인공처럼 반드시 보상을 받게 되어 있다.

왜 그런지를 이해하기 위해서는 영원히 변치 않을 군대의 특성을 알아야 한다. 첫째, 앞서도 언급했듯이 군대는 자급자족 조직이다. 어느 것 하나 충분한 것이 없다. 그러므로 '재능 기부'처럼 병사들이 가지고 있는 작은 재능과 기술도 유용하게 활용될 수 있다. 둘째, 대부분의 부대가 사람도 살지 않는 오지에 있다 보니 모두가 외롭다. 서로 의지할 사람이 필요하다. 함께 생활하는 이들에게 힘이 되어주고 작은 의지처가 되어줄 수 있다면 그는 환영받을 것이다. 셋째, 하루 일과가 고되다. 대부분이 머리보다는 육체로 하는 행위이다 보니 하루가 지나면 모두 녹초가 된다. 이런 상황에서는 귀차니즘이 발동하는 게 당연하다. 모두가 귀차니즘에 빠져 할 일을 미루고 있을 때 누군가 나서서 한다면 모두 심적으로 그에게 고마워할 것이다.

고사성어에 낭중지추囊中之錐라는 말이 있다. 주머니 속의 송곳이라는 뜻이다. 쉽게 말하면 사람들 눈에 띄지 않는 주머니 속에 있다 해도 송곳은 삐져나오게 되어 있다는 말이다. 여러분이 보여주는 선행과 희생은 비록 말하지 않아도 동료들이 다 지켜보고 있고, 지휘관과 간부들도 금방 알게 된다. 특히 지휘관이나 간부들도 사람인지라 믿고 일을 맡길 만한 모범적인 병사를 늘 찾고 있다. 그런 그들의 레이더망에 포착되는 것은 그리 어려운 문제가 아니다.

어차피 반납한 세월 대충 때우다 간다는 사고로 임하는 병사들은
부대에서도 대충 취급당하게 되어 있다.
말 그대로 있으나 마나 한 잉여인간이 되는 것이다.
존재하되 존재로서 취급받지 못하는 인간은 불행한 법이다.
기왕이면 함께 생활하는 전우들과 부대에 도움이 되는 존재가
되는 것이 여러분 자신을 위해서나 부대를 위해서나 득이 된다.
누가 알아주기를 바라지 않고 묵묵히 열심히 하는 병사들은
보상을 받게 되어 있다.

어차피 반납한 세월 대충 때우다 간다는 사고로 임하는 병사들은 부대에서도 대충 취급당하게 되어 있다. 말 그대로 있으나 마나 한 잉여 인간이 되는 것이다. 존재하되 존재로서 취급받지 못하는 인간은 불행한 법이다. 기왕이면 함께 생활하는 전우들과 부대에 도움이 되는 존재가 되는 것이 여러분 자신을 위해서나 부대를 위해서나 득이 된다. 군생활에 임하는 마음가짐을 정하는 데 도움이 되었으면 한다.

범생이도 뜰 수 있다.
표어 포스터 경연대회를 노려라!

실제로 있었던 일이다. 행정계원과 함께 병사들의 휴가 현황을 결산할 때의 일이다. 대부분의 병사들은 그들의 행실에 따라 포상도 비례하는 편이다. 그런데 유독 한 병사가 눈에 띄었다. 그 병사는 운동도 못 하고, 그렇다고 훈련을 잘 하는 것도 아니고, 눈에 띄게 모범적이지도 않은 그저 그런 병사였다. 그런데도 포상휴가를 받아놓은 게 제법 있었다. 그래서 행정계원에게 그 이유를 물어보니 상급 부대에서 주기적으로 개최하는 '표어 포스터 경연대회'에 참여하여 포상을 딴 거란다.

포상이란 기여한 공로와 비례해야 한다고 늘 생각해온 나로서는 다소 불공평하다는 생각도 들었다. 다른 병사들은 체육대회다 훈련이다 해서 부대를 위해 뭔가 힘들게 기여를 하고 포상을 획득한 데 반해, 딸

랑 글자 몇 자 적어서 내고 포상휴가를 받는다는 건 쉽게 납득이 가지 않았다.

하지만 시간이 지나고 육군 최상급 부대인 육군본부에서 근무하며 육군 전체를 조망하면서 알게 된 사실이 있다. 몇 글자 안 되는 표어 한 점, 또는 포스터 한 장이 비록 해당 부대에는 전혀 쓸모없는 것일지라도 당선되어 전 군에 배포되고 게시되면 장병들의 의식 전환에 크게 도움이 된다는 사실을. 특히 요즘처럼 국민들의 안보의식이 퇴색되어가는 것을 감안하면 가슴에 와 닿는 문구 하나의 힘은 크다고 볼 수 있다. 학창 시절 맨투맨 영어교재에서 본 문구 "The pen is stronger than the sword(문文은 무武보다 강하다)"라는 말을 실감하게 되는 대목이다.

이처럼 군에서는 육체적 기여도뿐만 아니라 지적 기여도에 따라서도 포상이 주어진다. 다시 말해 반드시 헤라클레스나 람보 같은 영웅적 활약상을 하지 않더라도 펜 한 자루, 붓 한 필만으로도 포상을 받을 수 있다는 말이다.

그러니 몸으로 할 줄 아는 게 없다고 기죽을 필요 없다. 생각할 수 있는 머리가 있고, 글씨를 쓰거나 그림 그릴 수 있는 손만 있다면 누구나 쉽게 도전할 수 있다. 입대 전에 미리미리 구상해놨다가 기회가 올 때마다 하나씩 풀어놓는 것도 준비된 자만이 누릴 수 있는 즐거움이 될 수도 있다.

군대는 자급자족 조직이다.
재능 기부하고 포상 받아라!

앞에서 자주 했던 얘기다. 최근 들어 병영시설 현대화 사업을 추진하면서 막사 시설은 정말 많이 좋아지고 있다. 하지만 여전히 군대는 고프다. 막사가 전부는 아니기 때문이다. 각종 전투시설은 낡고 노후화된 것이 많고, 창고나 빨래건조장, 휴게실 등도 볼품없다. 훈련 나갈 때 반드시 지참해야 하는 각종 훈련 비품도 자체 제작해서 쓰는 것이 많다. 그래서 수시로 수리하거나 새로 만들어야 한다.

"위기는 기회다"라고 했던가? 이런 열악함은 손재주를 가진 병사들에게는 자신의 재능을 발휘할 수 있는 절호의 기회다. 한 번 목공병으로 인정받으면 영원한 목공병이 된다. 그 병사의 손길이 필요한 곳에는 언제든지 불려가게 된다. 그리고 그런 노력들이 쌓이고 쌓이면 거의 100퍼센트 포상으로 연결된다.

군에서 유용한 기술은 목공뿐만 아니라, 용접기술, 건축기술, 미용(이발)기술, 전기통신기술, 시각디자인, 파워포인트와 포토샵 같은 컴퓨터 활용능력 등 다양하다. 이 책의 서두에서 신상명세서를 잘 작성하라는 말을 기억하는가? 나는 병사들의 신상명세서에 기재된 전공과 특기를 바탕으로 그들의 재능을 확인하고 적재적소에 활용했었다. 물론 신상명세서에는 없었지만 함께 생활하면서 차츰 알게 된 재능 있는 병사들도 더러 있었다.

이런 재능들은 언젠가 한 번은 요긴하게 활용된다. 군대에서는 기본 과업 외에도 수많은 잡다한 일들이 하루가 멀다 하고 하달된다. 반면, 그 일들을 하는 데 필요한 예산이나 구체적인 방법은 모두 중대나 대대의 몫이다. 모두 자체 해결해야 한다. 그러다 보니 앞에서 열거한 재능은 중대장이나 대대장 입장에서는 절실하게 필요로 하는 귀한 자원임에 틀림없다. 이런 식으로 하나의 프로젝트에 참가하게 되면 그야말로 무에서 유를 창조해야 한다. 제한된 기간 안에 밤을 새가며 작업하는 경우도 허다하다.

특히 이런 프로젝트들은 상급지휘관에게 부대의 이미지를 각인시키는 데 큰 역할을 하는 경우가 많기 때문에 지휘관들도 많은 관심을 기울이고 지원을 아끼지 않는다. 그런 만큼 성공적으로 프로젝트가 완료되면 그 공로에 대한 보상으로 포상을 주는 것은 지극히 당연하다.

그러니 여러분이 가진 재능들을 우습게 생각하거나 사장시키지 마라. 군생활을 하다 보면 분명히 요긴하게 활용될 수 있으니 말이다.

지금까지 군대에서 포상휴가증을 받을 수 있는 다양한 방법들에 대해서 알아봤다. 그렇다고 오직 포상휴가에만 목숨을 걸라는 말은 아니다. 눈치 빠른 이라면 이미 눈치 챘겠지만, 앞에서 열거한 방법들은 사실 군생활 전부나 다름없다. 어떤 분야에서든 억지로 임하기보다는 즐기는 자세로 임하면 누구나 좋은 결과를 기대할 수 있다. 계산하는 사람은 어디서든 대접받지 못한다. 온전히 즐기다 보면 군생활도 재미있어지고 정도 들게 되어 있다. 거기에 덤으로 포상휴가증까지 받을 수도 있다.

여러분이 반납했다고 생각하는 청춘은 소중한 군대 경험을 통해 100배로 되돌려 받게 된다.

●

자립 프로젝트,
푼돈으로 떼돈 모아라!

군생활은 홀로서기의 전초전

대나무는 마디를 만들며 성장한다. 그 마디로 인해 더 강해질 수 있다. 사람에게도 인생의 단계별로 반드시 거쳐야만 하는 마디가 있다. 군 입대도 그 마디들 중 하나다. 그 이전에는 엄마의 품에서 처음으로 떨어졌던 입학이 있었고, 유년의 때를 벗고 청년의 옷으로 갈아입은 사춘기가 있었다. 지나온 이 두 마디를 통과하면서 여러분은 조금씩, 그리고 알게 모르게 홀로서기를 준비해왔다. 홀로서기의 최종 마무리 단계가 바로 군 입대다.

　입영열차 앞에서 여러분을 떠나보내는 부모님의 심정과 슬픔이 무엇을 의미한다고 생각하는가? '그저 군에 가서 고생하는 것이 안쓰러워서'라고만 생각한다면 오산이다. 품 안의 자식을 떠나보내는 상실

저축 습관을 군대에서부터 만들어라!
다른 병사들이 미각의 충실한 노예가 되어
얼마 되지 않는 13만 원을 매점에 온전히 갖다 바칠 때,
그 모든 유혹을 참고 견디며 저축하기란 절대 쉬운 길이 아니다.
그런 만큼 습관 만들기에 큰 효과가 있다.
매달 10만 원씩 2년간 착실히 모은 240만 원! 고작 240만 원이지만,
그 돈은 여러분의 저축 습관 만들기가 성공했음을 보여주는 증거이며,
향후 여러분의 재테크를 성공으로 인도해줄 마중물이 되어줄 것이다.
자린고비가 될 준비가 되었는가?

감 때문이다. 그 이후 짝이 될 여인에게 아들을 떠나보내도 그토록 슬퍼하지 않는다. 직장이라고 하는 사자굴 속으로 걸어 들어가는 아들을 보고도 그토록 슬퍼하지 않는다. 품 안의 자식은 군 입대와 함께 떠나 버렸기 때문이다.

이것이 바로 여러분이 군생활을 통해 홀로서기를 준비해야만 하는 이유다. 전역 후에도 부모의 품에 안길 생각이라면 가급적 빨리 그런 유아적 발상에서 벗어나기 바란다. 여러분을 떠나보낼 때 부모님의 마음이 '슬픔'이었다면, 전역 후 여러분과 재회할 때 부모님의 마음은 '반가움'이 아니라 '걱정'이다. 앞으로 어떤 삶을 살아갈지, 어떤 길로 갈지, 취직은 어떻게 할 것이며, 결혼은 언제 할 것인지!

하나의 마디를 통과한 상태에서 그대로 머물러 있을 수는 없다. 도약해야만 한다. 그러기 위해서는 반드시 홀로서기를 준비해야 한다. 그리고 홀로서기의 기초는 뭐니 뭐니 해도 머니money다. 군대에 있다고 넋 놓고 지내지 마라. 2년이라는 시간은 마음먹기에 따라서 많은 것을 하고도 남는 시간이다. 푼돈이지만 봉급이라도 모으면 전역하면서 노트북 한 대 장만하거나 홀로 여행하며 견문을 넓힐 수도 있다. 재테크 하나만 파고들면 남보다 빨리 경제적인 독립도 가능하다.

남과 차별화된 군대생활을 원하는가? 그렇다면 재테크를 시작해라. 군대에서부터!

재테크의 기본
'종잣돈' 만들기의 비결

요즘 군대 많이 좋아졌다. 시설은 열악해도 먹는 것만큼은 잘 나온다. 식사 외에도 과일, 떠먹는 요구르트 등 간식도 다양하게 나오고, 간간이 건빵은 물론 빵 같은 부식이 나오기도 한다. 식탐이 있는 사람이 아니라면 그것만으로도 입의 궁금함을 달래주기에 충분하다. 그래도 하루 일과가 끝나면 시원한 음료수 한 병 들이키는 맛도 있어야 한다. 딱 그 정도 지출이면 된다. 나머지는 저축해라.

현재 병사 봉급이 평균 13만 원이다. 한 달 용돈으로 3만 원만 쓰고 나머지는 꼬박꼬박 모아라. 티끌도 모으면 제법 큰돈이 된다. 매달 10만 원씩 저축하면 2년간 240만 원을 모을 수 있다. 요즘 괜찮은 노트북 한 대 값이 100만 원이다. 노트북 한 대를 사고도 140만 원이 남는다. 그 돈이면 태블릿 PC 한 대 더 사고도 남는다.

240만 원에다 조금만 더 보태서 유럽, 미국, 호주 등 외국 배낭여행을 다녀올 수도 있다. 저렴하게 동남아 여행도 가능하다. 본격적으로 취업 준비에 돌입하고 세상에 나갈 준비를 하기 시작하면 해외여행 간다는 것이 그리 쉬운 일이 아니다. 군생활을 포함해 지난 과거의 일들도 정리하고 새로운 각오를 다지기 위해서는 여행만한 것도 없다. 궁색하게 고민만 하고 앉아 있는 것보다 화끈하게 먼 곳으로 떠나보는 것도 괜찮다. 혹시 아는가? 인생의 터닝 포인트 혹은 여러분의 운명을 만나게 될지!

240만 원이 중요한 게 아니다. 중요한 것은 습관이다. 병사들에게 있어 매달 10만 원은 큰돈이다. 먹고 싶은 욕구를 참아가며 그 돈을 저축한다는 것은 결코 쉬운 일이 아니다. 하지만 저축이라는 것이 원래 그런 것 아닌가? 하고 싶은 것 다 하고 살면 저축할 수 없다. 요즘 젊은이들의 소비 행태를 보면 저축은 절대 불가능하다는 게 내 생각이다. 시대도 그렇거니와 이들의 생활은 지극히 감각적이다. 오감만족을 극대화시키는 것이 삶의 모든 것인 듯하다. 그런 모습을 보고 있노라면 "사는 게 힘들다"라는 그들의 푸념은 공허한 소리로밖에 들리지 않는다. 개미는 없고 온통 베짱이들밖에 보이지 않는다. 베짱이의 삶을 살면서 늘 돈이 없다고 불평불만하고 세상을 원망하는 격이다.

재테크의 기본은 종잣돈이다. 그 종잣돈을 눈덩이처럼 굴려서 점점 더 크게 만드는 것, 그것이 재테크다. 시작하는 종잣돈이 크면 클수록 수익률도 높아질 것은 불 보듯 뻔하다. 얼마가 됐든 재테크를 위해 굴릴 수 있는 종잣돈을 마련할 수 있는 유일한 방법은 저축밖에 없다. 이는 습관이 없으면 불가능하다.

그 저축 습관을 군대에서부터 만들어라! 다른 병사들이 미각의 충실한 노예가 되어 얼마 되지 않는 13만 원을 매점에 온전히 갖다 바칠 때, 그 모든 유혹을 참고 견디며 저축하기란 절대 쉬운 일이 아니다.

그런 만큼 습관 만들기에 큰 효과가 있다. 매달 10만 원씩 2년간 착실히 모은 240만 원! 고작 240만 원이지만, 그 돈은 여러분의 저축 습관 만들기가 성공했음을 보여주는 증거이며, 향후 여러분의 재테크를 성공으로 인도해줄 마중물이 되어줄 것이다.

자린고비가 될 준비가 되었는가?

재테크 마스터가 돼라

꿈이 먼저냐 돈이 먼저냐 그것이 문제로다! 이것은 자기계발과 재테크의 우열에 관한 문제다. 어디에 더 비중을 두어야 할까? 세상물정에 어두운 학자들이나 이론가들은 자기계발이 먼저라고 주장할 것이다. 반면, 현실주의자들은 자기계발도 돈이 있어야 할 수 있는 만큼 재테크가 먼저라고 주장할 것이다. 이 문제에 있어서만큼은 흑백론자가 되지 말자. 그 둘을 절충한 회색론자가 되자. 왜냐하면 자기계발이 아무리 고상하고 원대해도 돈이 없으면 포기할 수밖에 없다. 반대로 돈이 아무리 많아도 자기계발이 전제되지 않으면 돈의 쓰임새는 방향을 상실한 무의미한 소비, 즉 낭비가 되고 만다.

이런 맥락에서 입대 전에 군에서 할 공부의 방향을 정하는 것이 좋다. 인생의 방향과 선인들의 지혜를 얻고 싶다면 자기계발을, 경제적 자립을 위해서는 재테크를 미리 결정해라. 그 결정에 따라 여러분의 2

년이 좌우된다.

만약 여러분이 2년 동안 집중적으로 재테크에만 몰입하겠다고 결정했다면 입대 전 재테크에 대한 사전 지식을 탐색해보는 것은 필수다. 재테크에도 다양한 방법이 있고, 각각의 방법 하나하나가 하나의 학문 분야라고 해도 좋을 만큼 알아야 할 것들이 방대하다.

대표적인 재테크 방법이 저축이다. 하지만 저축은 안전한 반면 수익은 낼 수 없다. 그래서 대중들이 자주 찾는 것이 주식투자와 부동산 분야다. 이 분야는 알아야만 살 수 있는 전문 분야다. 모르고 임하면 도박처럼 큰 리스크가 따른다. 또 어떤 이들은 잠재수익률은 주식이나 부동산보다는 낮지만 꾸준한 수익을 안정적으로 보장받는 장점 때문에 채권에만 투자하는 사람들도 있다. 이외에도 돈을 굴리고 싶지만 재테크에 문외한인 일반인들을 위해 금융회사에서 제공하는 펀드도 많이 있다.

이렇게 다양한 분야를 두루두루 조사해보고 유경험자들의 조언을 들은 다음 자신에게 가장 알맞은 재테크 방법을 선정해야 한다. 그런 다음 그 분야에 대한 가장 저명한 인사들이 쓰고 대중들의 인지도와 평판이 높은 서적들을 보면서 입문기를 반드시 거쳐야 한다. 나머지 심층 공부와 연구는 입대 후 자기계발 시간이나 휴일 등 여유 시간을 활용하여 꾸준히 채워나가는 방식으로 진행하면 된다.

단, 실제 재테크 행위는 전역 전까지는 하지 마라. 군대라는 제한된 환경 속에서 그렇게 할 수도 없거니와 제대로 알지도 못하는 상태에서 자신감 하나로 재테크라는 대양에 뛰어드는 것은 자살행위나 마찬가지다. "서당 개 3년이면 풍월을 읊는다"고 했다. 입대 전에 했던 공부와 군대에서의 2년 공부를 합하면 대략 3년의 공부다. 이 정도면 개도 풍월을 읊을 정도이니 사람인 여러분은 훨씬 높은 수준까지 도달할 수 있다.

실제 재테크는 전역 후에 해도 늦지 않다. 군에서는 그저 열심히 배우고 익혀라. 그 정도만 해도 공부하지 않은 사람들보다 10년은 앞서 가는 삶을 살 수 있다.

부자들의 생각을 훔쳐라

여기서 부자란 물려받은 재산으로 부자가 된 사람을 말하지 않는다. 맨손으로 성공을 일궈내고 부를 거머쥔 사람들만을 뜻한다. 잘 아는 빌 게이츠나 스티브 잡스Steve Jobs, 워렌 버핏, 토머스 에디슨, 록펠러John Davison Rockefeller, 철강왕 카네기Andrew Carnegie, 헨리 포드Henry Ford, 정주영, 이병철과 이건희 등을 말한다.

나는 이런 사람들의 삶을 배우는 것이 모든 공부의 시작이 되어야 한다고 주장한다. 그들의 삶은 결코 평범이나 보통, 중간을 지향하지 않았다. 친구나 세상으로부터 왕따를 당해도 묵묵히 자신의 길을 걸어

갔고, 그 길에서 자신의 운명을 개척하고 꿈을 이뤄냈으며, 자신들만의 왕조를 창건했다. 이런 그들의 삶은 평범과 보통, 중간과 평균을 지향하는 우리 대중들의 삶과는 확연히 틀리다. 우리는 늘상 무난한 중간을 고집하면서 그 이상과 그 이하를 비정상으로 분류해버린다. 그래서 대중은 부자가 될 수 없다.

부자들의 생각을 훔친다는 것은 결국 그들의 삶에서 교훈을 얻고, 그들이 성공할 수 있었던 요인과 자질들을 내 것으로 만든다는 얘기다. 그들의 인생을 벤치마킹하라는 얘기다. 역사상 수많은 부자들의 삶을 추적해가다 보면 번뜩이는 영감과 자신감을 얻게 된다. 여러분 안에서 꿈틀대고 있는 꿈을 느낄 수 있고, 할 수 있을 거라는 자신감이 솟구쳐 오름을 느낄 수 있다.

재테크를 공부하기 전에, 수많은 자기계발서들을 섭렵하기 이전에 부자들을 먼저 읽어라! 부자들은 언제나 평균을 지향하는 세상의 질타와 비난 속에서도 꿈이라고 하는 희미한 빛줄기를 따라 거북이처럼 포기하지 않고 걸어간 끝에 성공한 사람들이며, 그 성공으로 부를 쟁취한 사람들이다. 이들을 공부하는 것은 곧 자기계발의 극치이며, 여러분 자신을 자산으로 만들어 부에 이르게 해준다.

평범하게 살려거든 대중들이 좋아하는 베스트셀러를 읽어라! 반대로 평범을 거부하고 넘어서기를 원한다면 부자들을 읽어라! 언젠가 여러분 또한 그들과 같은 예외적인 삶을 구가하게 될 것이다.

PART 4

인생종합대학 군대

●

네 안에 잠든 리더를 깨워라!

개인의 세계에서 단체의 세계로

군대생활이 힘들고 어려운 이유 중의 하나는 입대 이전의 삶이 개인 중심의 삶이었던 데 반해, 입대 이후의 삶은 단체 중심의 삶이라는 점 때문이다. 개인으로 산다는 것은 참으로 쉬운 일이다. 사회나 문화가 강제하는 최소한의 룰만 지켜주면 개인이 무엇을 하든 문제될 게 없다. 일어나고 싶은 시간에 일어나고, 먹고 싶은 시간에 먹고 싶은 음식을 먹기만 하면 된다. 어떤 행동을 하건 개인을 제약할 수 있는 것은 아무 것도 없다.

반면 군대생활은 이런 개인적인 삶을 모두 차단시켜버린다. 마음대로 할 수 있는 것이라곤 숨 쉬는 일밖에 없을 정도다. 오로지 단체, 집단이 강제하는 룰과 규율, 보이지 않는 관습과 문화를 따라야만 한다.

여기에서 어긋나게 될 경우는 사회에서와 같이 왕따나 무관심의 대상이 되지는 않는다. 아니, 그런 처분이라면 오히려 편한 구석이라도 있지만, 군대에서는 다르다. 끝까지 여러분을 끌고 간다. 왕따로 내버려두지 않고 조직이 원하는 사람으로 만들기 위해서 끝까지 물고 늘어진다는 점이다. 좋게 말하자면 사회에서는 포기해도 군에서는 포기하지 않는다는 말이다.

사회에서처럼 아예 포기해버리고 신경도 쓰지 않는다면 차라리 홀가분하고 마음 한구석에는 잘됐다 싶은 마음도 들 것이다. 그러나 군대에서는 그럴 수 없다. 죽어도 같이 죽고 살아도 같이 사는 전우들이고, 좋든 싫든 한솥밥 먹고 한 지붕 아래에서 지내야 하는 가족과 닮은 사람들이기 때문이다. 그래서 하기 싫은 놈은 괴로운 법이다. 억지로 해야 되니 말이다. 하지만 그 괴로움을 참고 견디다 보면 어느새 자신 또한 그것을 강제하는 선임병이 되어 있음을 깨닫게 된다. 그것이 군대생활이다.

세계 최고의 리더십 스쿨

군대생활은 인간의 긴 수명을 2년에 압축시켜놓은 것과 같다. 아울러 군대 조직은 넓은 세상을 좁은 공간에 압축시켜놓은 것과 같다. 그래서 군생활을 통해 인생의 단맛, 쓴맛을 다 경험하게 되고 세상살이에 필요한 기본적인 자질들을 익힐 수 있게 되는 것이다. 그중에서도 오직 군대에서만 배울 수 있는 것이 바로 리더십leadership이다.

누구나 처음 입대하게 되면 바닥 생활부터 배우기 시작하여 차츰 위로 올라간다. 오직 지도와 가르침을 받기만 하는 이등병 시절도 경험하게 되고, 그 단계를 벗어나면 위에서의 지도를 받는 동시에 아래를 지도하고 가르쳐야만 하는 일병, 상병 시절을 경험하게 된다. 병장에 이르면 자신이 책임져야 할 분대원을 거느린 어엿한 리더의 위치에 서게 된다.

이 과정에서 예외는 없다. 누구나 다 거치는 과정이다. 누구나 팔로워로서의 자질과 미덕을 배우고 익히게 되고, 누구나 리더의 자질과 덕목을 배우고 익힐 수 있다. 대부분의 기업들이 직원을 채용할 때 군복무자를 우대하는 이유가 바로 이 점 때문이다. 단순히 군복무자를 우대하라는 정부의 방침을 준수하기 위해서가 아니라, 군복무를 한 사람만이 팔로워로서의 복종을 알고 리더로서의 리더십과 책임감을 가지고 있다고 판단하기 때문이다.

그런데 우리나라 군대가 세계 여느 나라의 군대와는 다른 독특한 점이 있다. 바로 이 점 때문에 '우리나라 군대는 세계 최고의 리더십 스쿨'이 될 수 있다고 생각하는데, 그것은 바로 '열악함'이다. 비교 대상을 G20에 랭크된 국가로 한정하고 그중에서도 공산권이나 사회주의 국가를 제외하고 나면 대체로 미국, 영국, 프랑스, 독일, 호주, 일본 등과 같은 나라만 남는다. 그 나라의 군대와 우리나라 군대를 비교하면 모든 면에서 하늘과 땅 차이라는 사실을 실감하게 된다.

이들 나라는 무기체계부터 최첨단을 달리고, 복지 수준은 장병들이 오직 전투 임무에만 충실할 수 있도록 모든 여건이 갖춰져 있다고 봐도 무방하다. 반면, 우리나라 육군의 경우 국방비 지출은 순위권일지라도 무기체계의 질적 수준은 이들 나라에 훨씬 못 미치고, 복지 수준은 전투 임무에만 신경 쓸 수 없을 만큼 열악하다. 창피한 얘기이긴 하지만, 남북 분단이라는 기형적 현실에서 비롯된 문제인 만큼 통일이 되지 않는 한 급격한 개선은 기대하기 어렵다.

어쨌든 이런 열악한 여건은 자체 해결능력을 강화시켜준다. 무에서 유를 창조해야만 하는 순간이 그만큼 많다는 뜻이다. 제한된 예산과 제한된 자재, 제한된 시간과 제한된 인력만으로 상급 부대에서 지시하는 거창한 일들을 모두 해내야 한다. 그러다 보면 처음에는 막막했던 일들도 차츰 아이디어가 떠오르고 방법이 생기게 된다. 제한된 병력으로 주어진 시간 안에 임무를 완수하려면 가장 효과적인 방법으로 임무를 분담해야 한다. 그 과정에서 리더의 조정·통제와 개입, 조율은 필수다. 이 부분에서 리더의 진가가 발휘된다. 똑같은 임무를 하달해도 먼저 마치는 분대와 늦게 마치는 분대가 있다. 먼저 마치는 분대는 그만큼의 휴식이 보장되지만, 시간을 꽉 채우고 끝낸 분대는 쉴 틈조차 없다. 이는 분대원들이 분대장의 리더십을 평가하는 잣대가 되고,

분대장들로 하여금 더욱 분발하게 만드는 계기가 된다.

리더의 자격

많은 사람들이 리더십은 계급에서 나온다고 착각하는 경향이 있다. 계급에서 나오는 리더십은 진정한 의미의 리더십이라 할 수 없다. 그것은 단순한 권력행사에 다름 아니다. 계급장만 달아주면 누구나 할 수 있는 일들을 리더십이라 명명하는 것은 리더십에 대한 모독이다.

진정한 리더십이란 앞에서 얘기한 바와 같은 열악한 상황이나 극한 상황에서의 경험들이 축적됨으로써 몸과 마음으로 체득되는 것이다. 이런 경험적 요소 없이 단지 책에서 읽었거나 '스티븐 코비Steven Covey 리더십 프로그램'을 성공적으로 수료했다고 해서 없던 리더십이 생길 리 만무하다. 책 속에 등장하는 리더의 리더십은 그 사람에게 딱 맞는 맞춤양복과도 같다. 그 맞춤양복을 독자들이 입고 그 리더와 똑같이 되기를 기대하는 것은 어불성설이다.

또한 거금을 들여 3박 4일짜리 '리더십 프로그램'을 수료하고 수료증을 받았다고 해서 리더십과 담쌓고 살았던 사람이 하루아침에 기업이 원하는 리더가 된다면 그것은 신종 연금술이나 다름없다. 한 마디로 마술 같은 얘기라는 말이다. 이런 지식산업들이 아무리 발전하고 세련되어진다 해도 군대생활을 통해 터득할 수 있는 리더십과는 절대 비교할 수 없다.

리더십은 팔로워들과 끊임없이 상호작용을 거듭하는 과정에서 조금씩 체득되어진다. 실제 리더는 자신의 지시에 대한 부하들의 이해도와 수행 정도, 동기 부여 정도, 성과 등을 수시로 체크하는 가운데 자신을 되돌아보고 반성을 거듭한다. 겉으로 보이는 부하들의 말과 행동 이면의 뉘앙스를 파악하려고 노력하고, 이를 통해 보이지도 않고 들리지도 않는 침묵의 메시지들을 파악하기 위해 몸부림친다. 이렇게 함으로써 리더는 팔로워들과의 간격을 좁혀나가고 일심동체가 되는 경지에 이르게 된다.

아울러 리더가 활동하는 현장에서는 고정된 상황이나 확실함이란 없다. "세상에서 변하지 않는 유일한 진리는 세상 모든 것은 변한다는 것이다"라는 말처럼 리더가 당면하는 상황은 늘 변하기 마련이다. 그 속에는 언제나 불확실성과 우연이라는 암초가 도사리고 있다. 경험이 없는 리더일수록 그 암초에 걸려 실패하고 좌절을 맛본다. 차츰 경험을 쌓아가면서 불확실성과 우연에 대처하는 지혜를 배우고, 그것들을 줄여나갈 수 있게 된다.

이처럼 리더십은 고뇌와 고통, 실패와 좌절의 지난한 과정을 통해 얻을 수 있는 것이다. 이와 같은 담금질과 연단鍊鍛의 과정을 거친 자만이 진정한 리더가 될 자격이 있다고 할 것이다.

여러분 앞에 놓인 2년의 군대생활이 바로 여러분을 리더로 만들어

leader

리더십은 고뇌와 고통, 실패와 좌절의 지난한 과정을 통해
얻을 수 있는 것이다. 이와 같은 담금질과 연단의 과정을 거친 자만이
진정한 리더가 될 자격이 있다고 할 것이다.
여러분 앞에 놓인 2년의 군대생활이 바로 여러분을 리더로 만들어주는
최고의 코스다. 그런 만큼 여러분은 자부심을 가질 필요가 있다.
군생활 가운데 여러분이 밟아나가야 하는 각 단계는 자연스럽게
여러분을 팔로워에서 리더로 만들어줄 것이다.
이를 명심하고 매 단계를 착실히 다져나간다면
여러분도 세상이 원하는 멋진 리더로 거듭날 수 있다.

주는 최고의 코스다. 그런 만큼 여러분은 자부심을 가질 필요가 있다. 군생활 가운데 여러분이 밟아나가야 하는 각 단계는 자연스럽게 여러분을 팔로워에서 리더로 만들어줄 것이다. 이를 명심하고 매 단계를 착실히 다져나간다면 여러분도 세상이 원하는 멋진 리더로 거듭날 수 있다.

조직 생활 내공 쌓기

조직은 조직이다

여러분이 생각하는 혁신 기업 중 하나를 떠올려보라. 구글도 좋고 마이크로소프트도 좋다. 삼성도 괜찮고 애플도 괜찮다. 누구나 들어가고 싶어 하는 꿈의 직장이다. 이중 한 곳에 취직하면 탄탄대로에 대도무문이 따로 없겠다 싶다. 과연 그럴까?

걸에서 보는 것과 실제의 차이에 대해서 제대로 된 설명이 『하워드의 선물』이라는 책에 나와 있어서 인용해볼까 한다.

"타인의 걸모습은 자신의 속모습보다 더 좋아 보이는 법이라네. 잘나가는 회사를 생각해보게. 규모나 운영 구조, 기업문화에 관계없이 조직은 언제나 내부 구성원보다는 외부 사람들에게 더 좋게 보이지."

대중들이 꿈의 직장이라 상상하며 동경하는 그 어떤 기업도 그곳에서 근무하는 사람들에게는 그저 흔한 직장의 하나일 뿐이다. 숨 막히는 기업문화 때문에 질식의 위협을 느낄 수도 있고, 고리타분한 형식과 절차 때문에 그 어떤 진취성도 느낄 수 없다. 진정한 우정은 없고 보이지 않는 경쟁관계가 인간관계의 본질이다. 수면 밑에서는 밟고 올라가기 위한 암투와 음모가 판을 친다.

어떤 조직이든 똑같다. 민간 기업이든, 공공 관료 조직이든, 군대 조직이든, 심지어 조폭 조직이든 다 같다. 오너가 아닌 한, 조직이라는 피라미드 속에서 살아가는 사람들의 행태와 정서는 똑같이 힘들고 어렵다. 참고 견뎌야 한다. 동경과 환상은 오직 겉모습의 화려함이 만들어낸 신기루일 뿐이다.

결국 아무리 좋아 보이는 조직도 조직은 조직일 뿐이다.

내공 I: '배려'

초등학교 시절 도덕 교과서에 나온 두 형제 이야기가 생각난다. 동생은 늘 싱글벙글 웃음을 달고 살았고, 형은 늘 못마땅한 표정을 짓고 살았다. 그날도 동생은 뭐가 그리 재밌는지 혼자서 실실 웃고 있었다. 이를 본 형이 물었다.

"뭐 좋은 일 있어?"

그러자 동생은 자초지종을 얘기했다.

어느 날 동생이 장터에서 바지 하나를 샀다. 집에 와서 입어보니 길이가 길어 아내에게 줄여달라고 부탁했다. 그런데 다음날 일어나서 확인해보니 바지가 반바지로 변해 있는 게 아닌가? 어떻게 된 일인지 알아보니 엄마의 고생을 덜어주기 위해 큰딸이 몰래 줄여놓았고, 이를 모르는 둘째 딸도 몰래 줄여놓았고, 또 이를 모르는 셋째 딸도 줄여놓았다. 그리고 마지막으로 아내가 또 줄여놓았다. 그렇게 줄이고 줄이다 보니 긴 바지가 반바지가 돼버린 것이다. 이 이야기를 들은 동생은 딸들의 효심이 기특해 웃지 않을 수 없었던 것이다.

이 얘기를 들은 형도 그날 저녁 퇴근길에 장터에 들러 바지 하나를 사다가 아내에게 줄여달라고 했다. 내심 기대를 하며 잠자리에 일어나 확인해보니 바지 길이가 그대로 있는 게 아닌가? 아내부터 딸들까지 그 누구도 바지 줄이는 일에 신경 쓰지 않았던 것이다. 이러니 형은 만날 인상 찌푸리고 살 수밖에 없었던 것이다.

이 이야기를 꺼낸 이유는 잘되는 집안과 안되는 집안, 잘나가는 조직과 못 나가는 조직의 차이가 바로 배려에 있음을 설명하기 위해서다. 이 배려를 속된 표현으로 '알아서 긴다'라고도 할 수 있지만, 그보다는 좀 더 능동적이고 적극적인 의미가 담겨 있다.

어떤 조직이든 주 업무도 아니고 주목받는 업무는 아니지만 누군가는 반드시 해야만 하는 업무가 있기 마련이다. 중요한 업무가 아니기 조직에서 배려는 윤활유와 같다.

본격적으로 사회에 진출하기 전에

배려의 미덕을 배우는 곳이 바로 군대다.

자기 할 일을 완벽하게 하는 것은 기본이다.

하지만 거기에서 끝내면 50점밖에 안 된다.

동료들이나 주변 생활환경 가운데 누군가의 손길이

필요한 곳이 있기 마련이다.

이를 지나치지 않고 조금만 수고하는 정성을

기울일 수 있다면 그야말로 100점이다.

배려!

아무리 많아도 지나치지 않은 좋은 미덕이다.

그러나 이 세상 어디에서도 가르쳐주는 곳은 없다.

군대에서 배울 수 있다는 것만으로도

참으로 다행스러운 일이 아닐까 싶다.

에 그 누구도 신경 쓰려 하지 않는다. 그렇다고 그 일을 하지 않으면 불이익이 따른다. 그래서 반드시 누군가는 해야 한다. 이 귀찮은 일을 과연 누가 해야 할까? 한번 맞혀보라!

아마 대부분은 "막내가 해야 한다"라고 답변할 것이다. 그런데 잘 생각해보자. 조직에서 가장 바쁜 계층이 과연 누구인가? 막내 아닌가? 막내라고 무시하지 마라. 막내도 나름대로 바쁘다. 막내 생활을 제대로 해본 사람이라면 그 사실을 누구보다 잘 헤아릴 것이다. 그런 까닭에 잘 돌아가는 조직이라면 계급에 관계없이 지금 현재 가장 여유가 있는 사람이 자원해서 처리할 것이다. 이런 조직은 언제나 활기가 넘치고 화기애애하다. 업무 처리도 깔끔하다.

반면, 삐걱거리는 조직이라면 무조건 밑으로 떠밀거나 아예 막내가 하는 게 관행으로 굳어져 있어 당연히 막내가 할 것이라고 기대할 것이다. 그런데 막내가 둔해서 자신이 해야 할 일이라고 생각하지 못해 업무를 펑크 낼 경우 불이익을 받게 되고, 그러면 조직은 서로 책임을 추궁하며 불화에 휩싸이게 된다. 조직의 리더는 부하들의 무능을 탓하고, 부하들은 리더의 자질을 의심한다. 구성원들끼리도 "네 탓이요" 싸움을 멈추지 않고, 그런 가운데 막내는 쥐구멍에라도 숨고 싶을 정도로 심적 부담감으로 힘들어할 것이다.

그래서 조직에서 배려는 윤활유와 같다. 본격적으로 사회에 진출하기 전에 배려의 미덕을 배우는 곳이 바로 군대다. 자기 할 일을 완벽하게 하는 것은 기본이다. 하지만 거기에서 끝내면 50점밖에 안 된다. 동료들이나 주변 생활환경 가운데 누군가의 손길이 필요한 곳이 있기 마련이다. 이를 지나치지 않고 조금만 수고하는 정성을 기울일 수 있다면 그야말로 100점이다. 신병 시절에는 보는 시각이 좁다. 제 일도 제대로 하지 못한다. 그러나 조금씩 익숙해지고 적응하면서 시야가 넓어지고 관심의 영역이 나를 넘어서게 된다. 그리고 차츰 '누군가 해야 할 일이라면 내가 하자'라는 생각을 하게 된다. 그것이 마음도 편하고 서로를 위해서 좋은 일임을 잘 알기 때문이다.

배려! 아무리 많아도 지나치지 않은 좋은 미덕이다. 그러나 이 세상 어디에서도 가르쳐주는 곳은 없다. 군대에서 배울 수 있다는 것만으로도 참으로 다행스런 일이 아닐까 싶다.

내공 II: '무한긍정'

조직 생활은 엄밀히 말해서 조직과 나의 계약에 근거한 것이다. 조직이 갑이고, 나는 을이다. 조직은 시키는 입장이고, 나는 따르는 입장이다. 조직은 자신의 이익을 위해서 존재하지 나의 이익을 위해서 존재하는 것은 아니다. 따라서 조직은 이익 창출을 위해서라면 나의 능력이나 선호도와는 무관하게 일을 지시하고 강요한다. 이런 상황에서 내가 수긍하거나 인정하지 못한다는 반응을 보인다면 조직과 나의 관계

조직에서의 일이란 하고 싶다고 하고, 하기 싫다고 안 하는
그런 성질의 것이 아니다. 무조건 해야만 한다.
다행히도 여러분은 군대라는 특수 조직에서의 생활을 통해
멋진 자질 하나를 배우게 된다. 그것은 바로 무한긍정의 자세다.
군대에서 'No'는 없다. 무조건 'Yes'다.
지시나 명령이 마땅찮아도 일단 'Yes'라고 해놓고 볼 일이다.
매사에 무한긍정의 자세로 임해라.
할 수 없다고 생각하면 아무것도 못 한다.
반대로 할 수 있다고 생각하면 엄두가 나지 않던 일도
할 수 있게 되는 기적이 일어난다. 이런 자세는 조직 생활에도
도움이 될뿐더러 여러분 개인의 꿈을 이뤄나가는 데에도 도움이 된다.

는 어떻게 될까? 해답은 간단하다. 조직은 나를 요주의 인물로 낙인찍어 유심히 관찰할 것이고, 이런 성향이 여러 번 누적될 경우 조용히 해고 수순을 밟을 것이다.

요컨대 조직에서의 일이란 하고 싶다고 하고, 하기 싫다고 안 하는 그런 성질의 것이 아니다. 무조건 해야만 한다. 크건 작건 하나의 조직을 이끄는 리더들이 공통적으로 싫어하는 것 중의 하나가 해보지도 않고 못 하겠다거나 불가능하다는 말을 하는 부하들이다. 리더가 그런 지시를 내렸다는 것은 공상이나 몽상의 결과를 대충 끄적거려서 지시한 것이 아니다. 머릿속으로 수없이 구상하고 고민하고 워게임한 결과다. 그런데 거기에다 대고 해볼 생각도 없이 다짜고짜 부정적이고 패배주의적 의견을 주장한다는 것은 정말 힘 빠지는 일이 아닐수 없다.

만약 여러분이 군대생활이라는 여과 과정 없이 곧바로 사회에 진출한다면 이런 충돌은 비일비재할 수밖에 없다. 다행히도 여러분은 군대라는 특수 조직에서의 생활을 통해 이런 상황에 유연하게 대처하게 해주는 멋진 자질 하나를 배우게 된다. 그것은 바로 무한긍정의 자세다.

군대에서 'No'는 없다. 무조건 'Yes'다. 지시나 명령이 마땅찮아도 일단 'Yes'라고 해놓고 볼 일이다. 'No'라고 말하는 것은 엄밀히 말해 명령불복종이고 지시불이행이기 때문이다. 이 단순한 사실을 몰라서 수많은 젊은이들이 불필요한 오해를 사고 상급자와의 관계가 틀어져 어려움을 겪는 경우가 많다. 나 또한 그랬다. 한때 광고에 나온 것처럼 '모두가 Yes라고 말할 때 NO라고 말할 수 있는 사람'이 바람직하고 올바른 젊은이의 전형인 듯 인식되어온 탓도 분명 있을 것이다.

맞는 말이다. 다수결이 언제나 옳은 것이 아니므로 누군가는 바른 소리를 해야 한다. 하지만 이런 상황은 언제나 고양이 목에 방울 달기 격이다. 까딱 잘못했다간 죽음이다. 나쁜 소식을 전하러 간 전령이 아무 죄도 없이 애꿎게 죽임을 당하는 경우와 같은 불상사가 생길 수도 있다.

이런 비극을 피하기 위해서라도 일단은 찬성과 동의를 표할 필요가 있다. 그리고 난 뒤, 직접 해본 결과와 데이터를 가지고 "최선을 다했지만 역부족이었습니다"라고 보고하는 것이 서로를 위해서나 조직 전체의 분위기를 위해서나 가장 바람직한 방법이다. 또한 이 방법은 비록 정면에서 No라고 한 것은 아니지만 결과적으로 No라고 부정적인 의사 표시를 한 것과 다름없다. 빙 둘러가긴 했지만, 목적은 달성한 셈이다.

살살 눈치 보며 요리조리 피해 다니는 게 요령이 아니라 바로 이런 게 진정한 요령이다. 원만한 조직 생활을 보장해줄 보증수표나 다름없다. 세상의 어떤 리더도 부정적인 말만 하는 부하를 좋아할 사람은 한 명도 없다. "이봐! 해보기나 했어?"라는 말로 유명한 고故 정주영 회장을 떠올려보면 쉽게 알 수 있다.

그러니 매사에 무한긍정의 자세로 임해라. 할 수 없다고 생각하면 아무것도 못 한다. 반대로 할 수 있다고 생각하면 엄두가 나지 않던 일도 할 수 있게 되는 기적이 일어난다. 이런 자세는 조직 생활에도 도움이 될뿐더러 여러분 개인의 꿈을 이뤄나가는 데에도 도움이 된다.

내공 III: 'Always On'

조직 생활은 한 마디로 구속이다. 우리가 취직을 하려는 이유는 생존을 위한 경제적 보상을 바라서다. 경제적 보상을 받는 대신 우리는 스스로를 기업이라는 조직에 종속시킨다. 쉽게 말해 우리의 자유를 경제적 보상과 맞바꾼다는 말이다. 이건 우리 스스로의 선택이다. 그러므로 그 선택에 책임을 져야 하는 것은 당연하다.

그런데도 조직의 기대보다는 개인의 권리만을 고집하려는 사람들이 있다. 필요해서 찾으면 이 핑계 저 핑계로 빠져나가려는 사람, 늘 한가하다가 꼭 그때만 바쁜 사람, 하는 일 없는 걸 뻔히 아는데도 바쁘다고 거절하는 강심장을 가진 사람들이 꼭 한두 명씩은 있다. 평상시라면 그런대로 넘어갈 수도 있지만, 우발 상황이 발생하면 얘기는 달라진다. 퇴근 후라든가 휴일에 긴급 상황이 발생하는 경우다.

이런 경우 사람들은 규정 따지며 매정하게 전화를 끊어버리거나 갖가지 핑계 대며 완곡하게 거절하거나 마지못해 응하거나 할 것이다.

물론 흔쾌히 Yes라고 대답하는 사람도 있다. 입장을 바꿔 전화를 건 사람은 어떤 마음일지 생각해보자. 사람인 이상 본인도 하기 싫을 것이다. 하지만 자신도 조직에 매인 몸인지라 어쩔 수 없다. 미안함에도 불구하고 전화를 했을 거라 짐작해볼 수 있다. 그렇다면 어떤 반응을 보인 사람을 좋아할까? 반대로 이런저런 구실로 거절하는 직원에 대해서 어떤 마음이 들까?

최근에는 이런 부자유스런 삶이 싫어서 자발적으로 퇴사하는 사람이나 독립하는 사람들이 늘고 있다. 존재의 가치와 의미를 인식해서다. 하지만 대부분은 그럴 용기가 없는 탓에 평생을 조직인으로 살아간다. 그렇다면 조직의 부름에 응하는 것이 도리다.

그래서 항상 준비되어 있어야 한다. 군대생활은 언제나 긴장 상태다. 언제 비상이 걸릴지 알 수 없다. 휴식을 취하다가도, 밥을 먹다가도, 잠을 자다가도 비상이 걸리면 신속하게 전투준비태세로 전환해야 한다. 내무생활을 할 때도 마찬가지다. 선임병이든 간부든 불시에 일을 시키는 경우가 있다. 이때 귀찮다거나 하기 싫다는 이유로 그 지시를 거부할 수 없다. 그 지시가 불법이나 불합리한 것이 아닌 한 무조건 해야 한다.

언제나 No라고 하는 사람들이 있다. 그런 사람들은 그 삶도 No다. 좋을 게 없다. 우리는 No가 아니라 No를 거꾸로 한 On을 택해야 한다. 조직은 언제나 On인 사람을 원한다. 이런 사람의 미래는 명확하다. 무조건 On이다.

내공 IV: '잡종강세'

앞으로 여러분이 생활하게 될 직장은 정말 다양한 사람들로 구성되어 있다. 출신 지역도 다르고 성장 환경도 다르며 학력 수준도 다 다르다. 성격도 다르고 기호도 다르고 취미나 관심사도 다 다르다. 반면, 여러분은 입대 전까지 주로 가족을 중심으로 같은 동네, 같은 학교 친구들과 함께 살았다. 당연히 마음 맞는 사람들하고만 지내왔다. 다른 세계는 경험해보지 못했다. 완전히 이질적인 세계에 내던져진 기분으로 쉽게 적응한다는 것은 결코 쉬운 일이 아니다.

본격적인 조직 생활에 앞서 다양한 사람들과 함께 생활하며 적응능력을 키울 수 있는 기회가 바로 군대다. 군대는 말 그대로 인간시장이나 다름없다. 직장은 그나마 입사시험이라는 여과 과정을 거쳐 선발된 사람들, 즉 질적으로 검증된 사람들만 모아놓은 곳이다. 반대로 군대는 질적으로 그런 검증 과정을 거친 사람들로 구성된 집단이 아니다. 대한민국 전역의 사람들, 빈부의 극과 극, 인격의 극과 극 사이의 모든 사람들이 무작위로 모인 곳이 바로 군대다.

그래서 쉽지 않다. 많은 신병들이 적응에 어려움을 겪는다. 그러나 대부분의 병사들이 인생의 관문을 무사히 통과하고 새로운 사람으로

우리가 살아온 익숙한 환경과 익숙한 사람들 속에 살면서
절대 강해질 수 없다. 언젠가는 요람을 벗어나 세상으로 나가야 한다.
그러기 위해서는 낯선 세계와 낯선 사람들과의 만남은 필연적이다.
그들과 접하고 교류하면 할수록 우리는 더 강한 존재가 될 수 있다.
군대가 바로 그런 곳이다. 군대를 어렵고 힘든 곳이라 생각하겠지만
군대에는 정이 있고 전우애가 있다.
전역 후 여러분이 몸담고 살아갈 조직이야말로 냉혹한 곳임을 알아야 한다.
그 냉혹하고 살벌한 세계에서 살아남기 위해
여러분을 마지막으로 준비시키고 단련시키는 곳!
연약한 순종에서 강인한 잡종으로 거듭나게 되는 곳!
그곳이 바로 군대임을 잊지 말기를 바란다.

거듭난다. 사회의 일원으로 살아갈 자격을 갖추게 되는 것이다.

'잡종강세'라는 말이 있다. 순종끼리 교배하면 얼마간은 좋은 품질의 순종을 얻을 수 있지만 환경적응력은 떨어지게 된다. 반면, 잡종과 교배할수록 점점 더 적응력과 생명력이 강한 종이 탄생한다는 말이다. 우리가 살아온 익숙한 환경과 익숙한 사람들 속에 살면서 절대 강해질 수 없다. 언젠가는 요람을 벗어나 세상으로 나가야 한다. 그러기 위해서는 낯선 세계와 낯선 사람들과의 만남은 필연적이다. 그들과 접하고 교류하면 할수록 우리는 더 강한 존재가 될 수 있다.

군대가 바로 그런 곳이다. 군대를 어렵고 힘든 곳이라 생각하겠지만 군대에는 정이 있고 전우애가 있다. 전역 후 여러분이 몸담고 살아갈 조직이야말로 냉혹한 곳임을 알아야 한다. 그 냉혹하고 살벌한 세계에서 살아남기 위해 여러분을 마지막으로 준비시키고 단련시키는 곳! 연약한 순종에서 강인한 잡종으로 거듭나게 되는 곳! 그곳이 바로 군대임을 잊지 말기를 바란다.

놈! 놈! 놈! 대인관계의 달인 되기

단절의 시대

우리 젊은이들에겐 대학입시로 인해 인간다운 만남과 교제를 가질 기회가 거의 없다. 관계의 폭이라고 해봐야 가족, 친구가 고작이다. 옛날에야 가족의 규모라도 커서 어른 대하는 방법 정도는 그나마 배울 수 있었다. 그러나 세상이 발전할수록 가족의 규모는 핵가족도 모자라 나노가족으로 더 쪼개지고 있다. IT기술의 발달은 스마트 기기의 혁명을 불러왔고, 이로 인해 우리는 공허한 네트워크를 진짜 관계와 혼동한 나머지 혼자만의 세계로 침잠해 들어가고 있다. 우리는 지금 단절의 시대에 살아가고 있다.

문제는 세상은 여전히 관계 지향적이라는 데 있다. 작은 우물 속 세상에만 머물러 있던 개인이 다종다양한 관계의 폭풍이 몰아치는 바다로 뛰어든다는 것은 결코 쉬운 일이 아니다. 우물 속 세상의 주인공은 나였다. 모두가 나를 중심으로 돌았다. 그러나 바깥세상에서의 나는 수많은 사람들 중 하나에 불과하다. 한 사람이 하나의 세계라면, 이 세상은 수없이 많은 세계가 공존하는 공간이다. 단 2개의 세계도 평화롭게 공존하지 못하는 게 이 세상이다. 그런 마당에 갓 우물에서 나온 한낱 새끼 개구리 같은 존재가 수천, 수만의 세계가 공존하는 공간에서 조화롭게 유영해나갈 수 있을까?

이런 까닭에 우리에게는 단절의 패러다임에서 관계의 패러다임으로 변환시켜줄 단계가 반드시 필요하다. 이 일은 가정도 하지 못하고, 취직학원이 돼버린 대학은 더더욱 하지 못한다. 이는 강제성이 자발성을 대신할 때에만 가능하다. 그게 가능한 곳이 바로 군대다.

놈! 놈! 놈! 잡탕의 미학

'놈놈놈'으로 유명한 영화의 원래 제목은 '좋은 놈, 나쁜 놈, 이상한 놈'이다. 3인 3색의 인물들이 만들어가는 이야기다. 인간을 통상적으로 분류할 때 이 세 범주를 벗어나지 않는다. '착한 사람, 악한 사람, 그리고 미친 사람', '괜찮은 사람, 안 괜찮은 사람, 불쾌한 사람' 등 우리가 살아가면서 마주치는 사람들은 이처럼 단순하다. 아니, 실은 단순하지 않은데 우리는 단순하게 분류해버리고 만다.

군대에 처음 들어가면 우리를 당황스럽게 만드는 게 바로 이 점 때문이다. 우리가 알고 지낸 수많은 사람들이 기껏 해봐야 세 부류밖에 되지 않았다. 그런데 군대에서 마주치는 현실은 그보다 더 복잡다양하고 괴기스럽기까지 하다. 좋은 놈, 착한 놈은 잘 안 보인다. 나쁜 놈, 못된 놈, 미운 놈, 고약한 놈, 괴상한 놈, 괴팍한 놈, 얄팍한 놈, 미친 놈, 멍청한 놈, 이상한 놈, 이 모든 것들을 합쳐놓은 듯한 괴물 같은 놈! 이런 부류의 인간들이 주위를 가득 에워싸고 있는 듯하다. '단테Alighieri Dante의 『신곡La Divina Commedia』에 나오는 지옥이 있다면 바로 이런 곳이 아닐까?'라는 착각마저 든다.

앞서 언급했듯이 군대는 특정 기준에 맞는 사람들만 따로 모아놓은 곳이 아니다. 의외로 섬에서 온 사람도 많고 듣도 보도 못한 오지마을에서 온 친구도 많다. 험악한 경상도 사투리를 따발총처럼 내뱉는 사람부터 살벌한 전라도 사투리로 범접하기 힘든 사람도 많다. 어린 시절부터 산전수전, 공수전까지 다 경험하고 온 노련한 친구부터 자기 손으로 이불 한 번 개본 적 없는 마마보이들도 있다.

양 부모 다 계신 평범한 가정에서 평범하게 자란 친구들이 의외로 적다는 사실을 알고 놀라는 경우도 있다. 편부, 편모슬하에서 자란 친구들이 수두룩하다. 그 흔한 중산층 이상의 삶을 사는 친구들도 드물다. 가족의 생계와 자신의 학업을 위해서 일찌감치 거친 삶의 현장에서 길들여진 친구들도 많다. 모범생처럼 살아서 뭐 하나 제대로 할 줄

배경과 출신, 지능과 능력, 개성과 매력이
다 다른 사람들이 모인 곳이 군대다.
이런 곳에서 생활하면서 그동안 살아온
자신만의 성격, 개성, 방식을 고집한다는 것은 불가능한 일이다.
마치 1,000도가 넘는 고온의 용광로 속에 내던져진 철광석과 같다.
다양한 인간 군상들이 만들어내는 수많은 질화와 사건들 속에서
모나고 거친 돌이 둥글둥글한 조약돌로 변화되는 기적을 경험하게 된다.

모르는 백면서생 같은 친구들도 있고, 배운 건 없어도 두루두루 재주 많은 팔방미인 같은 친구들도 있다.

이렇듯 배경과 출신, 지능과 능력, 개성과 매력이 다 다른 사람들이 모인 곳이 군대다. 이런 곳에서 생활하면서 그동안 살아온 자신만의 성격, 개성, 방식을 고집한다는 것은 불가능한 일이다. 마치 1,000도가 넘는 고온의 용광로 속에 내던져진 철광석과 같다. 다양한 인간 군상들이 만들어내는 수많은 일화와 사건들 속에서 모나고 거친 돌이 둥글둥글한 조약돌로 변화되는 기적을 경험하게 된다.

내성적인 사람이 외향적인 사람으로, 정적인 사람이 동적인 사람으로, 허약했던 사람이 강한 사람으로 변한다. 말주변이 없던 사람이 말하는 데 자신감을 갖게 되고, 사람들 앞에 서기 힘들어했던 사람도 사람들을 이끄는 사람이 된다. '천상천하 유아독존'형 밥맛 인간도 남을 배려할 줄 아는 화합형 인간이 되고, 지나치게 외향적이어서 자아 정체성이 약했던 사람도 자신의 내면을 들여다보게 된다. 삐딱했던 범죄형 인간도 인간미의 온기를 느끼고 차칸(착한) 인간으로 돌아서고, 자기밖에 몰랐던 이기적이었던 사람도 약자를 보듬고 돌볼 줄 아는 따뜻한 심장을 갖게 된다.

군복무 기간을 시간으로 환산하면 대략 1만 7,000시간이 넘는다. 이는 역사상 모든 거장들을 탄생케 했던 '1만 시간의 법칙'이 말하는 1만 시간을 훌쩍 넘는 긴 시간이다. 게다가 극도의 긴장감이 수반되는 점을 감안하면 군복무를 통해 사람이 바뀌는 것은 당연한 일이다. 여러분의 뇌 구조가 그야말로 탈바꿈하게 되고, 혼자만 잘 사는 인간에서 함께 어울릴 수 있는 인간으로 변화된다.

제4외국어 '조직어'

제2외국어가 뭔지는 누구나 잘 안다. 그렇다면 제3외국어는 과연 뭘까? 나는 그것이 이성 간의 언어가 아닐까 생각한다. 성인이라면 다들 공감할 얘기가 아닐까 싶다. 남녀 간의 대화가 얼마나 힘들고 어려우면 『화성에서 온 남자, 금성에서 온 여자』와 같은 책들이 베스트셀러가 되었을까. 이 책에는 남자의 말과 여자의 말 이면에 감춰진 진정한 의미가 무엇인지를 설명하고, 이성 간의 대화와 관련된 우리의 고정관념과 통념들을 변화시킨다.

그런데 이런 언어적 해석의 어려움은 남녀 사이에만 존재하는 게 결코 아니다. 같은 남자들끼리 혹은 같은 여자들끼리도 말이 안 통하고 대화가 안 되는 경우가 있다. 바로 조직에서의 경우다. 상급자가 "어이 김 대리, 지금 시간 좀 있어?"라고 묻는다면 김 대리인 여러분은 어떻게 대답할 것인가? "네, 시간 많습니다" 혹은 "바빠서 시간이 없습니다"라고 단편적으로 대답할 것이다. 그러나 상급자가 던진 질문은 여러분의 시간의 많고 적음을 알아보기 위한 것이 아니다. 그 상급자는 여러분에게 업무를 던져주려 하고 있음을 알아야 한다.

우리는 언어를 직독직해하는 데 능하다. 표면적 의미를 읽고 해석하는 데 익숙하다는 말이다. 그러다 보니 말의 행간을 읽으려는 노력을 하지 않는다. 남녀관계에서든 직장에서의 상하관계에서든 원만한 업무관계를 유지하고 인간관계를 발전시켜나가기 위해서는 이렇듯 언어의 행간을 읽는 능력, 말의 뉘앙스를 파악하는 능력은 필수다.

그런데 이처럼 중요한 기술을 따로 배울 곳도 없고, 그렇다고 가르쳐주는 곳도 없다. 설령 학원이나 교육 프로그램이 있다 한들 굳이 비싼 돈을 내가면서까지 배우고 싶은 마음은 없다. 다행히도 남자들은 이처럼 쓸모 있고 유용한 대화의 기술, 다시 말해 제4의 언어를 바로 군대에서 배울 수 있다.

대한민국 동서남북 구석구석의 사투리들을 해석할 줄 아는 능력은 기본이다. 선임병들이 던지는 촌철살인의 한 마디에 들어 있는 가시가 무엇을 뜻하는지를 간파하는 능력, 정보를 주고받는 언어와 감정과 기분을 주고받는 언어를 구분할 줄 아는 능력, 표면적으로는 분명 좋은 말인데 그 밑에 깔린 살벌한 분위기와 냉기를 포착해내는 능력, 부탁과 권유와 지시의 그 오묘하고도 미묘한 차이를 구분할 줄 아는 주옥같은 능력들을 체득할 수 있게 된다.

여러분이 평생 몸담고 살아가게 될 직장은 분명 또 다른 세계다. 그 세계만의 언어가 있고 문화가 있다. 그런데 그 문화의 대부분은 군대

문화에 뿌리를 두고 있다. 그런 만큼 군대에서 배우는 언어적 스킬은 직장 생활 적응은 물론 성공에 지대한 영향을 미치는 핵심 기술이 될 수도 있다. 그러니 처음 접하는 생소한 언어 환경에 겁먹기보다는 그것을 배우고 즐기며 누릴 필요가 있다.

세상만사는 모두 말이다. 말로 소통하고 말로 지시한다. 모든 건축물과 발명품과 첨단 장비들은 모두 말로 만들어낸 산물들이다. 사람은 죽어도 말은 남고, 말로 만든 문명도 오랫동안 지속된다. 그만큼 말은 중요하다. 입이 있으니까 말을 할 수 있고, 말을 할 수 있으니까 그걸로 충분하다는 생각은 1차원적 사고다. 말이라고 다 같은 말이 아님을 잘 안다면 말의 중요성과 그것을 배워야 하는 필요성에 절대적으로 공감할 것이다.

배울 수 있을 때 배워둬라! 군대에서 배우지 못하면 더 많은 비용과 대가를 치르고 난 뒤에야 비로소 후회하게 될 테니!

군대에 가면 사랑을 배워요

군대에 가면 모두가 효자

입대 전에는 그렇게 부모 속을 썩이는 망나니 같던 친구들도 군대에 오면 언제 그랬냐는 듯 모두 효자가 된다. 신병훈련소 단계와 자대 전입 초반에는 애인 생각은 별로 나지도 않는다. 오직 부모님만 생각난다. 늘 말썽 피우고 마음 아프게 해드렸던 일들이 주마등처럼 지나간다. 그런 자기 때문에 아파하고 힘들어했을 부모님 생각에 눈시울이 젖는다.

이제야 비로소 고슴도치처럼 못난 아들이라도 늘 사랑으로 품어주시던 부모님의 사랑을 느끼게 된다. 그토록 모나고 가시 돋친 자식이건만 자신이 아픈 것을 생각지 않고 모두 안아주시던 그 큰 사랑에 굵은 눈물을 뚝뚝 흘린다.

그리고 생애 최초로 부모님께 편지를 쓴다. 언제나 함께했고 함께할 거란 생각에 고마움을 느끼지 못했던 자신을 질책하며 그동안 쑥스러워 말하지 못했던 한 마디를 적는다.

"엄마! 아빠! 사랑합니다!"

병사들을 지휘하고 관리하다 보면 많은 면담과 상담 신청을 받게 된다. 그 면담과 상담들 대부분이 부모님 걱정이다. "진작 그렇게 효도하지!"라는 말이 목구멍까지 올라올 정도로 부모님 걱정이 절절하다. 뉴스에 태풍이나 집중호우, 조류독감 등 자연재해나 천재지변 등의 뉴스라도 나오면 제일 먼저 부모님을 생각한다. 집에는 별일 없는지, 부모님은 괜찮은지 걱정이다. 특정 지역에 피해가 있다는 뉴스가 방송에서 흘러나오면 즉각 집에 전화를 걸어 안부를 확인한다. 그리고 담벼락이 조금이라도 무너졌다는 소리를 들으면 청원휴가를 신청한다. 꼭 자기가 가봐야 한다며! 자기 아니면 집수리 할 사람 없다며!

게다가 평소에 별로 교류도 없었고, 사회에 있을 때는 아예 머릿속에 존재하지도 않았던 친할머니, 친할아버지, 외할머니, 외할아버지까지 걱정한다. 부모님과 통화하던 중 할머니가 편찮으시단 말을 들으면 그 즉시 지휘관실로 쪼르르 달려온다. 청원휴가 신청하려고. 참 기특하다.

"군대에 가면 사람 된다"는 말이 있다. 곰이 인간으로 변한 정도로 몸과 마음이 크게 변하고 성숙해진다는 뜻이리라. 이를 다른 말로 하면 "군대에 가서 효자 됐다"라고도 표현할 수 있다. 집 떠나기 전에는 부모님의 고생은 안중에도 없다가 군대에 가서야 비로소 부모님의 고생과 바다 같은 사랑을 깨닫게 된다. 부모님의 사랑에 눈을 뜨게 되고, 부모님의 마음을 헤아릴 수 있는 도량이 생긴다. 그런 까닭에 더 이상 예전처럼 불효하지 않고 속 썩이는 일도 없다. 그동안 부모님 몫이라고 여겨왔던 집안일들이 하나하나 눈에 들어오고 군에서 갈고 닦은 작업 솜씨로 부모님을 대신해서 직접 하게 된다.

이런 모습을 보고 옛 어르신들이 "군대에 가더니 사람 됐네!"라고 말했을 것이다. 그렇다. 여러분은 조르고 떼쓰기만 하던 아기에서 어엿한 성인, 듬직한 어른으로 다시 태어나게 된 것이다. 보살핌을 받던 작고 연약한 존재에서 보살핌을 베풀 수 있는 크고 강한 존재로 거듭나게 된 것이다. 축하한다!

풋내기 사랑은 이젠 그만

분명히 기다려준다고 했다. 절대로 변치 않는다고 했다. 그런 그녀가 헤어지자고 말했다. 지금까지 군생활의 큰 버팀목이었던 그녀에게 딴 남자가 생겼다고 한다. 다시는 연락하지 말라고, 다시는 보지 말자며 야멸차게 전화를 끊었다. 끊어진 전화 수화기를 든 채 한동안 멍하게

서 있다. 전화하려고 뒤에서 기다리며 보채던 선임병들 눈에도 심상찮은 기류가 감지된다. 비록 후임병이라도 지금은 조심해야 할 때임을, 건들면 폭발할 수도 있음을 온몸으로 느낀다.

이렇게 또 한 남자에게 가슴 아픈 실연이 찾아온다. 자신의 모든 것을 다 주고 다 바친 사랑이 물거품이 되어 한순간의 꿈처럼 달아나려 하고 있다. 잡으려고 해도 잡을 수 없다. 날개가 있다면 당장이라도 날아가 그 마음을 제자리로 돌려놓고 싶다. 다시 내 연인으로 돌아오게 만들고 싶다.

대한민국의 모든 젊은이들의 풋사랑은 이처럼 순박하다. 누구나 한번쯤은 경험하는 젊은 날의 추억! 돌이켜보면 어느 한 순정남의 사랑 이야기로 각색되어 있지만, 당시에는 가슴 아팠던 이야기들이다. 고작 2년을 못 기다릴 거였으면서 영원한 사랑을 약속했던 여인들의 속내가 자못 궁금할 때도 많다. 젊은 한때의 불장난에 불과했던 것인지, 아니면 그냥 재미삼아 만났던 것인지. 사나이 울리는 건 신라면이 아니다. 바람에 흔들리는 갈대와도 같은 여인들의 변심이다.

병사들을 지휘하고 관리하다 보면 가장 촉각을 곤두세워야 할 때가 바로 이 시점이다. 지휘관뿐만 아니라 이들과 가장 가까이에서 생활하며 지켜보고 있는 분대장부터 소대장, 기타 간부들도 마찬가지다. 부모님께 전화해서 많이 다독여주고 힘이 되어달라고 부탁하기도 하고, 친한 친구들에게 전화해서 심경 고백과 같은 특이사항이 있었는지를

통상 애인과의 관계를 그대로 둔 채 입대를 하면
위안이 될 거라 생각하지만 이는 큰 오산이다.
위안이 아니라 걱정거리에 지나지 않는다.
미안한 얘기지만 여자들은 가까이에서 자신을 돌봐줄 사람을 필요로 하지,
알지도 못하는 오지에서 공중전화로, 그것도 수신자부담으로 전화해서
군에서 축구하고 고생한 얘기만 해대며 위로해달라며 조르고
고무신 바꿔 신지 말라고 단속이나 하는 옛 애인을 필요로 하지 않는다.
멀리 생각해서 지금 여자 친구가 평생을 같이할 반려자가
아니라고 생각되면 과감하게 정리하고 입대하기를 권장한다.
진짜 애인은 전역 후 사회생활하며 생긴다.

파악하기도 한다. 이때의 병사는 시한폭탄이나 마찬가지다. 언제 어디로 튈지 모르는 럭비공과도 같다. 대부분의 병사들이 이 위기를 잘 극복해내지만, 극소수의 순정파 병사들은 총 들고 탈영한다던지 상심으로 인해 자해나 자살기도를 하기도 한다. 때문에 실연당한 병사들에 대한 관심과 관리는 무엇보다 중요한 업무다.

젊은 날의 열병은 참 오래도 간다. 가정사의 아픔은 비교적 빨리 극복하는 편이다. 또 그 때문에 인생을 그르칠 만큼 정신적 충격이 그리 크지 않다. 반면, 애인의 변심으로 인한 아픔은 지독하리만치 오래 지속되며, 본인은 물론 주변인들까지 힘들게 만든다. 이브 없는 아담을 상상할 수 없듯, 자신의 반쪽이라 여겼던 존재가 떨어져나가는 아픔을 겪었으니 당연한 일이다.

이 문제만큼은 시간이 해결사다. 시간은 그 모든 아픔과 고통을 성숙과 원숙함으로 숙성시켜놓는다. 혼자만의 아픔에서 깨어나 주변을 둘러보면서 깨닫게 되는 사실 한 가지가 있다. 언제나 옆에서 같이 훈련하고 같이 잠자던 선임병들도 똑같은 아픔을 경험했었다는 점이다. 이제야 비로소 그들의 충고와 조언이 귀에 들어오고, 그들의 따뜻한 관심과 배려가 애인보다 더 살가움을 느낀다. 생긴 것만큼이나 제각각이고 제멋대로인 사람들인 줄 알았지만 그들에게도 아픔과 고통, 시련이 있었던 나와 똑같은 남자라는 사실에 훈훈한 인간미를 느끼게 된다.

그리고 결심하고 선언한다. 더 이상 풋내기 같은 사랑은 하지 않겠다고. 철부지 사랑으로 인해 다시는 아프지 않겠다고. 평생을 함께할 운명의 반쪽은 여전히 세상 어딘가에서 나를 기다리고 있을 거라고 믿고 더 이상 조바심내지 않겠다고. 반평생을 같이할 사람에게선 한여름 밤의 불꽃놀이 같은 뜨거움이 아닌 은은한 향기가 전해져올 것이라 믿으며 더 이상 미혹되지 않고 흔들리지 않을 것임을.

여자의 변신은 무죄다. 그러나 여자의 변심은 유죄다. 세상에서 가장 순진한 순정남을 아프게 만든 죄! 아름다웠던 순정만화를 상실감과 고통의 잿빛으로 얼룩지게 한 죄! 실연당한 당사자는 물론 많은 사람들을 긴장에 떨게 만든 죄! 그래도 이 한 가지 사실만으로 모든 죄가 용서될 수 있다. 그것은 바로 솜털 가득했던 순정남을, 그래서 쉽게 상처받았던 한 풋내기 청년을 건장하고 강인한 사나이로 만들어줬다는 사실이다.

한 남자를 탈바꿈시키기 위해 하늘이 당신에게 부여한 임무는 딱 거기까지다. 잘 가라! 내 어린 날의 신부여!

몰랐었다, 이런 느낌이 애국심인지!

1988년 서울 올림픽 개막식에서 굴렁쇠를 굴리며 달리던 꼬마가 있었다. 그의 이름은 윤태웅. 지금은 자라서 배우로 활동하고 있다. 한때 희망의 상징이었던 그 꼬마는 성장하여 자랑스런 해병대원이 되었고,

대한민국 안보의 최전선인 연평도에서 군복무를 했다. 그리고 2002년 월드컵 열기로 대한민국이 뜨겁게 달아오르던 그때, 연평도 바다에서 벌어진 북한 해군과 우리 해군 간의 해상 교전이었던 연평해전을 두 눈으로 직접 목격했다. 그때의 심정을 그는 다음과 같이 회상했다.

"그날은 2002년 6월 29일, 한국과 터키의 월드컵 3, 4위전이 있던 날이었다. 제2차 연평해전이 터졌다. 근무를 쉬는 날이면 놀러 가 헤엄치곤 했던 놀이터. 일출과 일몰을 품은 찬연한 바다. 아침저녁으로 수색했던 암연의 바다. 그곳에서 전우가 주검이 되어 돌아왔다. 무서웠고, 분했고, 억울했으며, 슬펐다."

- 『내 꿈은 군대에서 시작되었다』(샘터) 중에서 -

"무서웠고, 분했고, 억울했으며, 슬펐다!" 당시 군에 있지 않았던 젊은이들은 끓어오르는 이 감정과 울분을 알 수 없었을 것이다. 월드컵 사상 최초로 4강의 위업을 이룩한 한국 축구로 인해 대한민국 전체가 그야말로 축제 한마당이었고, 심지어 도심에서는 수많은 군중 속에서 광란의 몸짓이 연출되기도 했다. 같은 시간에 같은 나라에 살았어도 한쪽은 슬픔과 울분에 사로잡혀 있었고, 또 한쪽은 기쁨과 축제의 열기에 빠져 있었다.

비록 땅에서 복무하는 육군일지라도 바다 한복판에서 벌어진 진짜

총격전의 실상을 전해 들으며 처절했던 당시의 핏빛 바다를 상상했다. 배라는 좁은 공간 어디에도 도망갈 곳은 없었다. 죽기 살기로 싸웠다. 손가락이 잘려나갔어도 남은 손, 몸으로 총알을 장전하고 방아쇠를 당겼다. 후임병이건 선임병이건 간부건 병사건 전장에서는 모두가 하나가 되어 싸웠다. 그리고 그들은 청춘을 바쳐 지키려 했던 조국의 바다와 하나가 되었다.

이들과 여러분은 똑같은 젊은이들이었다. 유행가를 즐겨 부르며 걸그룹에 환장하는 혈기왕성한 대한민국의 젊은이들이었다. 이들의 순국과 희생의 가치를 제대로 헤아릴 줄 아는 젊은이들은 같은 군복을 입고 있었던 병사들이었다.

입대 전 정치 민주화에 관심을 두었던 병사들도 남북 화해 모드에 걸림돌이 될까 우려한 통치자들의 외면에 치를 떨었다. 더욱이 연평해전이 국가적인 이슈로 불거지지 않도록 월드컵의 열기로 이들의 값진 죽음과 고귀한 희생을 파묻어버리는 작태에 분개하기도 했다.

입대 전에는 그저 올림픽에서, 축구에서 한국 선수들을 응원하며 그들과 함께 울고 웃는 것만이 애국심의 전부인 줄 알았다. 그러나 군에 입대하여 비로소 알게 된다. 아직 한반도에서의 전쟁은 끝나지 않았고, 연평해전과 같은 실제 교전 상황은 언제라도 일어날 수 있으며 나 또한 죽을 수 있다는 사실을 말이다. 그래서 그런 불상사가 일어나지 않기를 간절히 희망한다. 사회에 있을 때는 그런 걱정조차 하지 않았음을 고려해본다면 그마저도 애국심이다.

그 뒤로 2009년에 제3차 서해교전이 벌어졌고, 2010년에는 천안함이 폭침되어 46명이 고귀한 목숨을 잃었다. 같은 해에는 북한 포병에 의해 연평도 민가들이 폭격받는 어처구니없는 일도 벌어졌다. 그럴 때마다 병사들은 말로만 듣고 딴 나라 얘기인 줄만 알았던 북한의 위협이 실재함을 인식하고, 피가 끓어오르는 듯한 울분을 느낀다.

이렇게 우리 젊은이들은 나에서 우리를 생각하고, 우리를 넘어 나라의 존재를 받아들이게 된다. 그 전에는 와 닿지 않았던 모호한 개념으로만 인식했던 '나라', '국가', '조국'이라는 세 단어가 그리 멀리 있지 않음을 깨닫게 되는 것이다.

사랑이란 생각(생각 사思)의 크기(헤아릴 량量)다. 부모님에 대한 사랑이나 연인에 대한 사랑이나 나라에 대한 사랑이나 생각하는 만큼 사랑하는 것과 같다. 여러분은 군에 입대함으로써 비로소 부모님의 사랑을 발견하게 되고 부모님에 대한 사랑을 키울 수 있게 된다. 고향에 홀로 두고 온 전장의 충무공과 같은 효심이 여러분에게도 있음을 알게 되는 것이다. 그리고 사회에 두고 온 연인과의 결별을 통해 아픔을 겪고 그 아픔만큼 성숙한 사랑을 배우게 된다. "나라가 밥 먹여주냐?"라고 불평불만하며 욕했던 그 나라가 우리들의 가슴속에 스며듦을 느끼게 된다.

군대가 아니면 그 어디에서도 배울 수 없는 사랑이다.

PART 5

제발, 이것만은

때리고 욕하지 마라! 범죄자 된다

남자, 폐쇄된 사회, 계급, 그리고 폭력

이 글을 쓰고 있는 지금 인터넷에는 군대에서 발생한 구타 사고에 관한 기사가 메인에 노출되고 있다. 어느 일병이 매점에서 사온 간식을 먹던 중 선임병들로부터 구타를 당했고, 먹던 음식이 기도를 막아 호흡곤란과 뇌손상으로 사망한 사고다. 물론 구타한 선임병 4명은 긴급 체포됐다.

군대는 거친 남성들로 구성된 집단이다. 단순한 집단이 아니라 무력과 폭력을 관리하는 집단이다. 따라서 어떤 조직보다 규율과 군기가 중요시된다. 이처럼 엄격성을 갖는 군대는 외부 사회와 차단되어 있고 폐쇄되어 있다. 게다가 거친 남성들 간의 서열과 위계를 정해주는 계급이 존재한다. 구타와 가혹행위가 일어날 수 있는 3박자가 골고루 갖쳐진 셈이다.

따라서 가만히 놔두면 구타나 가혹행위가 발생한다. 이는 자연발생적인 현상이라 할 수 있다. 남자들의 유전자 속에 깊게 새겨진 투쟁과 생존 본능 때문이다. 때문에 아무리 선진 기업문화를 자랑하는 일류 기업일지라도 그 속에는 암투와 음모가 횡행하고, 갈등과 다툼이 존재한다. 하물며 무력과 폭력을 관리하는 조직인 군대에서 그 같은 물리적 충돌이 없을 수 없다.

암적인 존재란

그렇다고 군대에서 구타나 가혹행위를 방치하지 않는다. 법으로 강력하게 처벌한다. 구타와 가혹행위, 언어폭력 예방은 국방부 장관이나 육군 참모총장 등 군 수뇌부의 최우선 관심사 중 하나다. 이런 행위들로 인해 비관 자살이나 보복성 살해, 분노로 인한 총기난사와 같은 강력 사건이 발생하는데, 이는 불필요한 전투력 손실과 경계 공백을 초래하기 때문이다.

그럼에도 불구하고 병사들을 관찰하다 보면 '처벌 불감증'에 빠져 있는 듯하다. 기본적인 안전수칙의 미준수로 매번 동일한 안전사고가 일어나도 남의 일인 양 바라보며 무감각한 증상을 '안전 불감증'이라고 하듯, 처벌 불감증도 마찬가지다. 구타나 가혹행위, 언어폭력 등으

어떤 경우가 됐든 때리는 순간
강자는 가해자가 되고, 약자는 피해자가 된다.
법 앞에서 피해자는 보호의 대상이고 가해자는 처벌의 대상이다.
그러니 절대로 폭력을 행사하지 마라.
규정을 벗어난 얼차려를 줘서도 안 되고 욕도 하지 마라.
그 즉시 여러분의 운명은 후임병의 처분에 좌우되기 때문이다.
그러니 쉽게 가려 하지 마라.
말 안 듣는 후임병일지라도 정성을 쏟는 만큼 보람도 큰 법이다.
때리면 그 순간부로 끝이지만, 그 순간의 화를 참아내면
그만큼 여러분의 덕이 쌓이게 된다.
군생활을 하면서 항상 참을 인 자를 가슴속에 품고 살아라.

로 처벌받은 일들이 비일비재하고, 같이 생활하던 병사가 체포되고 구속되는 모습을 보고도 사태의 심각성을 느끼는 건 그때뿐이다. 시간이 지나면 쉽게 잊어버리고 다시 군림하고 괴롭히고 싶은 동물적 본능의 지배를 받기 시작한다.

지휘관을 하면서 구타로 영창 보낸 병사들의 수만 해도 족히 20명쯤은 되는 걸로 기억한다. 대부분 다시 원복해서 개과천선하여 지내다가 전역하지만, 정도가 심한 병사들은 타 부대로 전출시키기도 했다. 아예 권력의 근거지를 없애버리는 것이다. 선임병으로서 '갑'의 횡포를 부릴 수 있는 가능성을 원천 차단시키고, 타 부대의 낯선 환경 속에서 신병 시절과 마찬가지로 '약자'이면서 '을'의 입장에 놓이게 만들어버리는 것이다. 이는 사실상 의미 있는 군대생활은 물 건너갔음을 의미한다. 조용히 숨죽이고 있다가 전역하는 것 외에는 그가 할 수 있는 거라곤 없다.

군대는 전쟁이 발발하면 한마음 한뜻으로 똘똘 뭉쳐 적과 싸우는 집단이다. 그런 집단에서 적도 아닌 같은 전우들끼리 폭행과 가혹행위로 상처를 주고 욕설로 굴욕감과 모욕감을 느끼게 만드는 것은 단결력을 떨어뜨려 전투력을 발휘하지 못하게 만드는 이적행위다. 적을 이롭게 만드는 행위라는 뜻이다. 간첩이 아닌 이상 그래서는 안 되는 일이다. 그 어떤 행위보다 강력하게 처벌하는 이유가 바로 이 때문이다.

따라서 구타나 가혹행위, 언어폭력은 피해자의 인생을 망가뜨림은 물론 가해자의 인생도 망가뜨리며, 나아가 군대 본연의 임무 수행을 저해하는 암적인 존재다. 암이 무서운 것은 다른 병균과는 달리 자신이 기생하는 숙주까지 죽여버린다는 점이다. 자신이 살려면 숙주도 살아야 한다. 그러나 암은 숙주의 생명 따위는 전혀 개의치 않는다. 숙주야 죽든 말든 자신의 세력만 넓혀나갈 수 있으면 그만이다. 결국 숙주를 죽음에 이르게 하고, 비로소 자신도 죽는다. 어떻게 보면 참 멍청한 세포인 셈이다.

구타, 가혹행위, 언어폭력도 마찬가지다. 자멸과 공멸을 초래할 것을 뻔히 알면서도 그 유혹에서 벗어나지 못하는 존재가 멍청이 아니면 뭐란 말인가?

피해자는 영원한 약자다?
No! 운명의 심판자다!

강자는 어디까지나 그 힘을 행사하기 전까지만 강자다. 위협은 약자가 위협으로 느낄 때에만 위협이기 때문이다. 폭력이 행사되고 나서 위협이 사라져버리고 나면 강자는 더 이상 강자로서의 지위를 누리지 못한다. 왜냐하면 위협이 사라졌기 때문이기도 하지만 가해자가 되어버린 강자의 운명을 결정할 열쇠를 약자가 갖고 있기 때문이다. 강자와 약자의 관계가 뒤바뀐 셈이다.

한때 이슈가 되었던 실제 사례다. 식사 도중에 후임병의 행동거지가 약간 거슬렸던 선임병이 쇠젓가락으로 가볍게 머리를 툭 치며 주의를 줬다. 충분히 있을 수 있는 일이었기에 그 사소한 행동이 문제가 될 거라고는 그 자리에 있었던 병사들 중 어느 누구도 예상하지 못했다. 그 후임병 외에는! 그렇게 시간은 흘러갔다. 그러던 어느 날 상급 부대에서 설문조사를 실시했는데, 구타행위가 있었다고 나왔다.

나중에 하달된 사건사고 보고서에 따르면, 식사하던 도중에 선임병이 쇠몽둥이로 후임병의 머리를 가격했다는 것이다. '쇠젓가락'이 '쇠몽둥이'로 둔갑했고, '툭 친' 행위가 '가격'으로 둔갑해버렸다. 여러분의 생각은 어떤가? 그 선임병은 처벌을 받아야 하는가? 아니면 그 후임병이 심했다고 생각하는가? 대부분의 사람들이 후자의 입장이다. 후임병의 엄살이 도를 지나쳤다는 것이다. 하지만 결과적으로 그 선임병은 구타를 이유로 징계처리됐다.

뭐 이런 황당한 경우가 다 있나 싶겠지만, 실제 있었던 일이다. 쇠젓가락이 쇠몽둥이로, 툭 친 행위가 가격으로 과장되고 왜곡되긴 했으나 법은 피해자의 입장에 손을 들어준다. 선임병이 아무리 선한 의도로 그렇게 행동했다고 하더라도 그 행위를 통해 후임병이 심적 고통과 모욕감을 느꼈다면 그것은 구타로 인정된다는 말이다. 후임병이 보기 좋게 선임병을 한 방 먹인 경우다. 물론 사건 종결 후, 당시 함께 있던 병사들의 입장에서 선임병의 처벌이 부당하고 누명에 가깝다고 생각한다면 그 후임병의 남은 군생활이 결코 순탄치만은 않았을 것이다.

어떤 경우가 됐든 때리는 순간 강자는 가해자가 되고, 약자는 피해자가 된다. 법 앞에서 피해자는 보호의 대상이고, 가해자는 처벌의 대상이다. 한순간의 감정 통제 실패가 가져온 비극이다. 그러니 절대로 폭력을 행사하지 마라. 규정을 벗어난 얼차려를 줘서도 안 되고 욕도 하지 마라. 그 즉시 여러분의 운명은 후임병의 처분에 좌우되기 때문이다.

그보다 더 중요한 사실은 폭력은 너무 쉬운 방법이라는 점이다. 일본 식민지 시절 일본인들이 말이 통하지 않는 조선인들을 복종하게 만든 방법이 구타와 가혹행위 그리고 욕설이다. 이런 방식은 짐승들에게나 하는 방식이다. 아니, 이제는 그 흔한 강아지에게조차 폭력을 행사하면 처벌받는 시대다. 강아지도 칭찬과 보상으로 훈련시킨다. 하물며 인간에게 폭력을 휘둘러 말을 듣게 하는 것은 인간을 인간으로 보지 않는다는 것과 같다. 아울러 가장 졸렬한 방법이다. 그것은 리더십도 아니고 그 무엇도 아니다. 그저 힘 있는 자의 횡포에 불과하다.

그런 방식으로 부하들이나 후임병들을 대하면 당장에는 효과를 볼지 몰라도, 부하들과 후임병들의 마음속에 싹트는 적개심과 증오심을 막을 수는 없다. 그 증오가 어떤 식으로 폭발될지는 아무도 예측할 수 없다. 모든 것을 기록한 유서 한 장 남기고 자살을 할지, 실탄이 지급되는 경계작전 타임에 실탄을 장전하여 마구 쏘아댈지, 전역 후 고소

할지 누구도 알 수 없다.

그러니 쉽게 가려 하지 마라. 말 안 듣는 후임병일지라도 정성을 쏟는 만큼 보람도 큰 법이다. 때리면 그 순간부로 끝이지만, 그 순간의 화를 참아내면 그만큼 여러분의 덕이 쌓이게 된다. 군생활을 하면서 항상 참을 인忍 자를 가슴속에 품고 살아라. 참는다는 것은 누구나 참을 수 있는 것을 참음을 뜻하지 않는다. 인忍 자의 모양처럼 칼이 심장 바로 위까지 찌르고 들어올 때까지 참는 것, 다시 말해 누구도 참지 못하는 것을 참는 것이야말로 진정한 인내라 할 수 있다.

그래서 참을 인忍 자가 3개면 사람 목숨도 구한다고 했던 것이다. 참고 또 참아라! 그러면 그 누구에게도 화가 미치지 않을 것이고, 여러분의 덕과 성품이 한 단계 업그레이드되는 보상을 받게 될 것이다.

구타 유발자를 다루는
가장 현명한 방법

요즘은 인터넷을 통한 정보 공유가 쉽고 편한 탓에 '군대생활 편하게 할 수 있는 방법'과 같은 엉터리 불량 정보들을 습득하고 입대하는 친구들이 더러 있다. 대부분의 친구들은 "저런 정보도 있구나" 하며 흘려버린다. 그러나 그런 정보를 '군생활의 진리'인 양 신봉하는 친구들이 있는데, 이런 병사들이 자대 배치받아 오면 아주 골치 아픈 경우가 종종 있다.

　이런 병사들의 주 관심사는 선임병들로부터 소위 '갈굼'을 당하지 않고 편하게 군대생활 하는 방법이다. 어떻게 하면 갈굼을 당하지 않을 수 있을까? 의외로 간단하다. 이는 북한이 주로 쓰는 정치군사 전략이다. 바로 '벼랑 끝 전술'이다. 벼랑 끝에 선 사람은 무서울 것이 없다. 잃을 게 없는 사람 또한 그 무엇도 두렵지 않다. 어차피 맞을 각오를 하면 선임병들의 갈굼이나 위협이 무섭지 않다. 만약 선임병이 때리면 신고하면 그만이다.

　어지간한 강심장이 아니고서야 이런 후임병을 당해낼 재간이 있는 선임병들은 없다. 인간은 약자에게 강한 법이다. 선임병이라도 고분고분한 후임병에게나 강한 법이다. 아무리 선임병일지라도 강한 후임병에게는 함부로 하지 못한다. 괜히 잘못 얽혔다가 받을 수 있는 불이익이 두렵기 때문이다.

　이런 병사를 후임병으로 맞게 될 경우는 여러분 선에서 할 수 있는 일은 아무것도 없다. 그 병사가 원하는 것이 바로 그것이다. 그 병사는 병사의 단계를 넘어 간부들과 대화하길 원한다. 그러니 간부들이 관리할 수 있도록 일찌감치 보고하는 편이 낫다. 어떻게든 여러분만의 노력으로 해보려는 시도는 아예 생각지도 마라. 그 병사의 도발에 넘어가 언제 주먹을 휘두를지 모르기 때문이다.

　앞에서 구타 병사를 타 부대로 전출시키는 경우에 대해 얘기했다.

구타 유발자도 마찬가지다. 그 병사로 인해 부대원 전체가 임무 수행이 불가능할 정도로 지장이 된다고 판단되면 중대장은 타 부대로의 전출을 건의할 수 있다. 대부분의 경우는 그렇게 처리된다.

아울러 그 정도가 심해 현역 복무가 불가능하다고 판단되는 병사들은 상급 부대에 '현역복무 부적합 처리'를 건의할 수 있다. 이런 불명예스런 전역을 위해 미친 척하는 병사들도 더러 있다. 이 경우 '현역복무 부적합 전역'이라는 꼬리표가 평생 따라다니기 때문에 정상적인 취직이 불가능하다. 비록 군대를 벗어나는 데 성공했을지라도 남들 다 하는 2년간의 군복무를 회피한 대가는 혹독하다. 평생 사람 구실 못하고 투명인간으로 살아가야 한다는 사실이다.

예전의 군대는 그런 병사들이 존재하는 것에 대해서 '지휘관의 무능'을 탓했다. 그래서 어떻게 해서든 부대 자체적으로 해결하려고 노력했다. 결국 시한폭탄을 끌어안은 셈이고, 대형 사고로 이어지는 경우도 종종 있었다. 그러나 요즘 군대는 그런 병사들을 애써 붙잡으려 하지도 않을뿐더러, 설령 무능함을 책망받는다 할지라도 미꾸라지 같은 병사 하나 때문에 부대 전체가 고통받고 정상적인 임무 수행이 불가능한 지경까지 가도록 내버려두지 않는다. 그것이 요즘 지휘관들의 자세다.

그런 병사들은 간부들조차 버겁다. 그러니 끌어안으려 하지 말고 과감하게 보고해서 짐을 더는 편이 가장 현명하다. 그렇게 한다고 해서 여러분의 무능을 탓할 사람은 아무도 없다. 오히려 나머지 분대원들을 위한 최선의 선택이었음을 인정받게 될 것이다.

탈출! 영화와 현실은 다르다

토요일 밤의 소동

토요일 밤, 부대 동료들과 함께 부대 앞 호프에서 이런저런 얘기를 하고 있었다. 그러던 중 대대 당직사령으로부터 연락이 왔다. 휴일 밤에 대대 당직사령으로부터 전화가 온다는 것은 좋은 소식일 리 없다는 생각이 스쳐 지나갔다. 인사고 뭐고 할 것 없었다. "포대장님! 그 병사가 없어졌습니다"라는 말이 휴대폰에서 들려왔다. 부대 관심병사로 애물단지였기 때문에 충분히 예상했던 일이었다. 다만 그런 일이 일어나지 않기만을 바라왔을 뿐이었다.

마침 함께 있던 동료들이 나머지 포대장들이었던 관계로 상황 조치는 신속하게 이뤄졌다. 나는 바로 포대로 복귀해서 포대 간부들과 병사들을 지휘해 수색작업을 실시했고, 나머지 포대장들은 대대 전 간부들을 비상소집해서 우리 포대로 집결시켰다. 대대 당직사령을 통해 인접 부대에 관련 사항을 전파하고 협조를 요청하라고 지시했다. 상황은 신속하게 연대, 사단, 군단까지 보고됐고, 상급 부대 인사담당자들이 속속들이 포대로 출동했다.

다행히도 포대는 포병부대였지만 민통선 안에 위치하고 있어 탈영하기에 좋은 조건은 아니었다. 따라서 탈영할 수 있는 루트를 선정하여 집중 수색하게 했고, 등잔 밑이 어두운 법이므로 부대 내 사각지역을 샅샅이 훑어보도록 했다. 분명 멀리 가지 못했을 터였다. 그 병사를 찾는 것은 시간문제였다.

수색작업을 시작한 지 대략 1시간이 지난 시점에서 "찾았습니다!"라는 고함소리가 들려왔다. 예상대로 멀리 가지 않았다. 확인한 바에 따르면 포대 소총사격장에 숨어 있었다고 한다. 소총사격장은 포대 훈련장이지만 포대 울타리 밖에 있었기 때문에 엄연히 탈영은 탈영이었다.

평소 그 병사는 포대뿐만 아니라 대대 관심병사로 집중 관리되어왔고, 연대에도 수시로 보고됐다. 뜬금없이 "나 죽고 싶다"라는 섬뜩한 말을 동료들에게 해서 포대 전체를 긴장하게 만들기도 했고, 함께 경계작전에 투입된 선임병에게 "공포탄을 입에다 쏘면 아플까요?"라고 말해 자살기도를 의심하게 만들기도 했다. 이런 전력을 가진 나름 유명한 병사였기에 상급 부대에서 파견된 인사담당자들도 별도의 조사 없이 사건을 마무리 지었고, 그 병사는 포대원 모두가 지켜보는 가운데 헌병에 체포됐다.

비록 토요일 밤의 정적을 깨뜨리는 한바탕 소란이 있었지만, 지휘관인 나를 비롯해 포대원 전체가 마치 앓던 이 빠진 듯한 홀가분한 느낌으로 다시 일상으로 돌아갔다.

악마의 유혹

군대를 마치 강제수용소나 감옥으로 생각하는 친구들이 있다. 이런 친구들은 군생활 중에 꼭 한 번은 탈영이나 휴가 미복귀 등의 방법으로 군대생활에서 탈출하려는 시도를 한다. 하지만 이런 시도는 언제나 허무하게 끝난다. 대부분 며칠 이내에 잡히거나 자수한다. 결코 하지 말았어야 할 일을 저지른 자의 최후는 비참하다. 설령 부대에 다시 복귀한다 해도 스스로를 왕따로 만든 격인 만큼 그 누구도 함께하려 하지 않는다. 힘들었던 그 고비를 동료들과 함께 나누고 견뎌냈다면 마치 물의 흐름에 올라탄 듯 수월하게 군대생활을 영위해나갈 수 있었을 것이다.

그 병사라고 탈영으로 인한 불이익을 생각지 않았을 리 없다. 인간은 아무리 바보라도 사고할 줄 아는 능력이 있고, 자신에게 해가 되는 일은 하지 않을 정도의 이성적 판단은 할 수 있다. 하지만 이러한 이성적 사고나 합리적 결정도 한순간에 뒤집히는 일이 벌어지는데, 그것은 바로 충동 또는 격정과 같은 감정 때문이다.

대부분의 병사들은 이성의 힘으로 자신의 감정을 다스려가면서 군대생활을 꾸려나간다. 솔직히 말하면 군인의 길을 직업으로 택한 장교나 부사관들도 군대생활을 쉽다고 할 사람은 아무도 없다. 그만큼 힘들고 고된 일이다. 하물며 국가에서 정한 의무를 이행하기 위해 자신의 삶을 저당 잡히고 강제로 군대생활을 해나가야만 하는 병사들의 경우는 더더욱 힘들다. 그럼에도 불구하고 강한 정신력으로 하루하루를 버텨나가고, 결국 누구나 그랬듯이 무사히 전역한다.

그러나 탈영을 시도하는 병사들은 스스로를 통제할 힘이 없거나 부족하다. 사고할 줄 아는 능력은 있지만 그보다 훨씬 강한 자신의 감정에 압도당하고 만다. 결국 자기 안에 있는 악마의 유혹에 굴복해버린 셈이다. 악마의 꼬임에 넘어가면 어쩔 도리가 없다. 이성적으로는 하기 힘든 불가능하고 비현실적인 판타지에 빠져버리고, 그것이 주는 달콤함에 취해버린다. 그리고 자신의 판타지를 가로막거나 방해하는 현실에서 탈출하려는 강한 욕구를 느끼게 되고, 결국 이를 실행에 옮긴다.

악마가 줄 수 있는 즐거움은 딱 거기까지다. 악마의 꼬임대로 일단 저지르고 나면 악마는 발을 빼고 나 몰라라 한다. 탈영한 뒤에는 옷도, 먹을 것도, 돈도 없다. 탈영한 터라 군복도 제대로 입지 않은 병사를 곱게 봐줄 사람은 아무도 없다. 그래서 사람들의 시선을 피해 산속을 헤맨다. 그렇게 헐벗고 굶주린 채 도망자가 되어 도피 생활을 하다가 결국은 살기 위해 민간인들에게 도움을 청하고 자수하게 된다.

한 번 탈영병은
영원한 탈영병이다

다른 범죄에는 공소시효가 있다. 그러나 탈영에는 공소시효가 없다. 공식적인 공소시효가 있다 해도 공소시효 만료 이전에 복귀명령이 계속 떨어진다. 결국 공소시효가 없는 셈이다. 따라서 설령 영화처럼 멋지게 탈영에 성공했다 하더라도 멋진 탈출극은 그 순간에 끝나고, 그의 인생도 그 순간부로 끝이다.

자유인으로 살아간다는 것에는 언제나 대가가 따른다. 자유롭게 누리고 살기 위해서 돈을 벌어야 한다. 국가가 주는 자유를 누리기 위해 국가를 위해 봉사해야 마땅하다. 우리는 이 사실을 간과하고 자유란 아무 조건 없이 주어진 기본권이라 생각한다. 만약 그렇게 생각한다면 북한 주민들이나 중동, 내전 중인 아프리카 국가들의 난민들을 생각해보라. 그들에게도 자유가 거저로 주어지는 것인지를 확인해보라. 절대 그렇지 않다.

거의 모든 젊은이들이 가장 기본적인 이 사실을 알고 있기 때문에 묵묵히 의무를 다하고 성공적으로 병역을 마친다. 그리고 다시 사회의 품으로 돌아가 자신의 삶을 영위해나간다. 공기처럼 보이지도 않고 느껴지지도 않으며 피부로 체감할 수는 없지만 실재하는 국가의 보호를 받으면서! 그러나 무한한 자유를 찾아 의무를 저버린 사람에게 국가가 그의 자유를 보장해줄 책임은 없다.

인터넷 검색창에 '탈영병'이라는 키워드를 쳐보라. 그들의 비참한 말로를 쉽게 확인할 수 있다. 탈영병이라는 꼬리표 때문에 정상적인 삶이 불가능하다. '정상적'이라는 단어는 대부분의 사람들에게는 말 그대로 정상적일 뿐이며 평범함 그 자체에 불과하다. 그러나 정상의 범주에서 벗어난 이들에게는 정말로 절박하고 소중한 단어다. 탈영병들의 삶이 그렇다. 정상과는 거리가 먼 비정상의 삶을 살며 인간이 아닌 인간으로 살아가야 한다. 그 저주의 꼬리표를 떼기 위해 수십 년이 지나 자수한 사람들의 사례를 보라. 결국 다시 돌아오게 되어 있다. 도망가봐야 부처님 손바닥 안이다. 악마와의 계약으로 악마에게 영혼을 판 자의 결말은 언제나 이렇게 비참하며 잔인하다.

선과 악은 언제 어디서나 싸우고 있다. 그런데 가만히 보면 언제나 악의 목소리가 크다. 선은 가만히 지켜볼 뿐이다. 그러다 승승장구할 것 같던 악은 자멸하고, 그러고 나면 언제 그랬냐는 듯 선이 미소 짓고 있다. 역사를 보건 사회현상을 관찰하건 인간의 내면을 들여다보건 다 똑같다.

그러므로 여러분의 마음속에 부정적인 충동과 감정이 일면 그것을

'악마의 유혹'이라 간주하고 단칼에 물리쳐라. 혼자의 힘으로 안 되면 주변에 도움을 청하라. 잠자코 지켜보고 있던 천사가 여러분의 의지를 확인하고 도움과 구원의 손길을 뻗어줄 것이다.

긴장은 살리고 방심은 죽여라

에피소드 I:
훈련 열외해서 좋아했다가

야외 훈련을 나갈 경우 주둔지 경계와 식사추진, 환자 관리 등을 위해 일부 병력을 주둔지에 잔류시키는 경우가 있다. 야외에서 고생하는 병사들에 비하면 잔류 병사들은 그야말로 꿀맛 같은 2박 3일을 보내게 된다. 물론 통제하는 간부도 다른 부대에서 잠시 파견된 간부인지라 부담스러울 것도 없다. 그저 맘 편하게 아무 탈 없이 지내면 된다. 그게 그들이 할 수 있는 최선이다. 야외에서 주 병력의 훈련을 인솔하고 있는 지휘관의 입장에서도 그 이상 바라지 않는다. 그저 사고 안 치고 무사히 있어주기만 바랄 뿐이다.

그날도 무척 더웠다. 여름철을 전후한 시기의 야외 훈련에서 원활한

식수의 보급은 필수다. 그래서 간부를 시켜 훈련장과 가까운 인접 포대 주둔지로 식수추진 임무를 보냈다. 이런 경우에는 일반 물통이 아니라 군용 식수 트레일러라는 장비를 활용하여 물을 대량으로 추진한다. 그렇다고 위험한 임무는 아니다. 아니, 전혀 위험하지 않다. 그보다 더 무거운 대포를 다루는 데 익숙해져 있기 때문이다.

그런데 사고는 언제나 그런 예상이나 기대를 보기 좋게 무너뜨린다. 물 트레일러에 물 담는 일을 도와주던 잔류 병사 한 명이 트레일러의 연결고리에 발이 찧어 발의 뼈가 으스러지는 사고가 발생한 것이다. 기본적인 안전수칙만 지켰어도 일어나지 않을 사고였다. 아니, 일어나기가 더 어려운 사고였다고 말하는 게 옳다. 그런 희박한 가능성에도 불구하고 사고가 난 것은 그 병사의 방심 때문이었다. 기본적으로 군화나 운동화를 신고 작업을 했어야 했는데, 슬리퍼를 신고 작업하다가 슬리퍼가 물에 젖는 바람에 미끄러지면서 연쇄반응을 일으킨 것이다.

훈련 열외해서 좋다고 방심한 대가를 아프게 치른 셈이다.

에피소드 II:
훈련 끝났다고 좋아했다가

『손자병법』에 보면 "조기예 주기타 모기귀朝氣銳 晝氣惰 暮氣歸"라는 말이 나온다. 풀어보면, "아침의 기는 날카롭고 낮이 되면 기가 느슨해지고 저녁이 되면 그 기는 사라진다"는 뜻이다. 어떤 일을 하든지 처음 시작할 때는 원기왕성하다. 기세가 하늘을 찌른다. 일당백이라고 해도 과언이 아닐 만큼 기세등등하다. 그러나 어느 정도 시간이 지나면 그 기세는 수그러들게 되고 급기야는 빨리 끝마치고 집으로 돌아가고 싶은 생각밖에 들지 않는다.

마찬가지로 훈련을 시작할 때는 언제나 활기차다. 마치 막아둔 물을 한꺼번에 터버렸을 때 우레 같은 소리를 내며 쇄도하는 사나운 물살과도 같다. 그런 만큼 어느 때보다 머리 회전도 빠르고 각종 위험신호에 반응하는 능력도 좋다. 그래서 이때는 사고가 일어날 가능성이 희박하다. 그러나 훈련이 2, 3일 지속되고 종료 시점이 가까워오면 처음의 기는 온데간데없다. 비록 허름하고 보잘것없어도 병사들에게 집이나 다름없는 내무반으로 빨리 복귀해서 따뜻한 물에 샤워하고 산뜻한 체육복으로 갈아입고 쉬고 싶은 생각밖에 없다. 훈련 초반의 기가 사라져버린 이때가 사고 날 가능성이 가장 높은 때다. 그동안 병사들을 지탱해주던 긴장이 풀리고 그 자리에 방심이 들어섰기 때문이다.

그래서 "훈련이 완전히 종료되는 시점은 내무반에 들어설 때까지다"라는 사실을 수없이 강조하고 반복하며 주의를 시킨다. 아무리 그래도 이미 마음은 내무반에 가서 보기 좋게 드러누워 있는 병사들을 완벽하게 장악하기란 불가능하다. 그저 조심해주기를 바랄 뿐이다.

사고가 있던 날도 그랬다. 주둔지 복귀를 위한 마지막 이동 준비 명령이 하달됐다. 병사들이 그토록 기다렸던 명령이었다. 무거운 대포의 다리를 접고 차량에 견인하는 일이 여간 어려운 일이 아니건만 이때만큼은 전혀 힘들지 않다. 오히려 기쁘고 즐거운 마음으로 임한다.

그렇게 이동 준비가 한창 진행되던 때의 일이다. 한 후임병이 대포의 무거운 발톱을 제대로 다루지 못하는 광경이 선임병의 눈에 들어왔다. '빨리 이동 준비하고 복귀하기가 바쁜데 저렇게 헤매고 있으면 어떻게 하나?' 하는 생각이 선임병의 마음을 가득 채우고 있던 터였다. 그래서 그 선임병은 후임병을 물리치고 자신이 그 무거운 발톱을 들어 대포의 다리에 있는 발톱집에 끼워넣으려 했다.

그러다 사고가 일어났다. 발톱의 끝 부분과 대포의 다리에 손가락이 끼었고, 그 고통으로 무거운 발톱을 놓치면서 낀 손가락의 끝 부분이 절단되고 만 것이다. 결국 그 병사는 간절히 그리던 내무반의 침상이 아니라 사단병원의 싸늘한 침대로 가고 말았다.

이와 비슷한 장면은 영화에도 자주 나온다. 모든 미션을 성공적으로 마치고 돌아서는 순간, 끝까지 살아 있던 악당 중 한 명이 주인공에게 총을 쏜다. 통상 주인공의 주변인물이 대신 총알을 맞고 관객들에게 감동 또는 안타까움을 안겨주며 주인공의 품에 안겨 장렬히 숨을 거둔다.

여러분이 좋아하는 축구에서도 마찬가지다. 어렵게 골을 넣고 가까스로 앞선 상태에서 마지막 1분을 남겨놓고 방심하는 바람에 상대에게 골을 허용하면서 비기거나 지는 경우가 허다하다.

　우리의 삶도 마찬가지고 군대생활은 두말할 것도 없다. 다만 이런 일이 현실에서 발생할 경우에는 영화처럼 감동적이지 않다는 차이만 있을 뿐이다. 병사들이 긴장을 놓을 수 있는 순간은 전역 후 무사히 집에 도착하는 순간이다. 그 전에는 어떤 순간에라도 긴장의 끈을 놓아서는 안 된다. 방심하는 순간이 곧 사고가 일어나는 순간임을 반드시 명심하기 바란다.

"Help me!"의 마력을 활용하라

남자라서 꺼내기 어려운 그 한 마디
'도와주세요!'

남자와 여자가 살아가는 방식은 몸의 생김새 차이만큼이나 다르다. 남자의 인생이 직선 코스라면, 여자의 인생은 곡선 코스다. 남자가 앞만 보고 달린다면 여자는 주변 풍경을 두루두루 살펴보며 간다. 운전할 때 그 차이는 극명하게 나타난다. 어디 가기 전에 남자는 지도에서 이동 경로를 꼼꼼히 확인하고 기록한다. 반면, 여자는 내비게이션을 철석같이 믿고 사전에 지도를 확인하는 번거롭고 귀찮은 일은 하지 않는다. 남자는 지도 연구만으로 모자라 내비게이션도 활용한다.

그래도 길을 잘못 드는 경우가 종종 있는데, 그런 경우에도 절대로 차를 세우고 길을 물어보려 하지 않는다. 죽이 됐던 밥이 됐던 혼자서

Help
Me!

도와달라는 말이 약한 자들의 전유물이라 생각하는가?
강한 남자는 이런 말을 해서는 안 된다고 생각하는가?
그렇다면 지금부터 생각을 바꿔라.

이런 말을 하지 않는 것은 여러분이 강해서가 아니다.
거절당하는 것이 두렵기 때문이고, 남들이 우습게 볼까 봐 두렵기 때문이다.

여러분과 함께하는 전우들이나 간부들을
차가운 피가 흐르는 냉혈한으로 여기지 마라.

그들도 따뜻한 피가 흐르는 여러분과 같은 인간이다.

아픈 사람을 보고도 모른 체 넘어가는 사람은 아무도 없다.

행군하다 뒤처진 전우를 뒤에 남겨두고 갈 동료들 또한 없다.

다가서기 껄끄러운 선임병이 있다면 그에게 마음을 열고 한 발 다가서봐라.

그리고 그가 여러분을 위해 뭔가 베풀 수 있는 기회를 줘봐라.

길을 찾아내야만 한다. 뭔가 이상한 낌새를 차린 아내나 아이들의 핀잔에도 아랑곳 않는다. 10분이 지나고 20분이 지나면 이제는 자존심을 건 싸움으로 변한다. 절대 질 수 없는 싸움이 되어버린다. 그렇게 30분이 지나고 슬슬 위기감이 엄습해오면 그제야 마음이 움직인다. '처음부터 도움을 청할 걸 잘못했나?'라고 후회한다. 반면, 여자는 길을 잃었다 싶으면 남자들처럼 쓸데없는 오기를 부리지 않는다. 바로 차를 세워 행인들에게 길을 물어본다. 이게 남자와 여자의 극단적인 차이다.

남자들은 웬만해서는 도와달라는 말을 꺼내지 않는다. "부러워하면 진다"라는 말이 있듯이 남자들의 유전자 속에는 '약육강식', '적자생존'의 법칙이 지배하는 정글에서 살아남아야만 했던 노련한 사냥꾼 또는 전사의 유전인자가 깊이 새겨져 있다. 게다가 어린 시절부터 아버지나 어른들로부터 "남자는 넘어져도 혼자 힘으로 일어서야 한다"느니 "남자는 어떤 일이 있어도 울면 안 된다"라는 말을 귀에 못이 박히도록 듣고 자랐다. 관계를 지향하는 여자 아이들의 놀이문화와는 달리, 남자 아이들은 이기고 지는 거친 서바이벌 놀이를 하며 자라난다.

그래서 죽으면 죽었지 나약하게 도와달라는 말은 차마 꺼내지 못한다. 아픈 거? 다친 거? 힘든 거? 그까짓 것들은 솔로몬의 지혜를 되뇌며 언제나 정면 돌파를 시도한다.

"이 또한 지나가리라!"

만약 여러분도 이런 신조로 생활해왔다면 이제 바꿀 것을 권한다. 그것만큼 멍청한 일도 없으니 말이다. 아프리카 속담에 "혼자 가면 빨리 가지만 함께 가면 멀리 갈 수 있다"는 말이 있다. 혼자일 때보다 함께할 때 우리는 더 많은 일들을 훨씬 수월하게 할 수 있고, 힘들고 먼 길을 재미있고 편하게 갈 수 있다. 군생활만큼 타인의 도움이 필요한 때도 없다.

홀로 지샌 나날들의 괴로움

힘들게 생활하다 온 병사가 있었다. 힘든 가정 형편에 안 해본 일이 없다고 했다. 대체로 이런 병사들은 적응력과 생활력이 강하다. 아무리 힘들고 어려운 일이라도 뒤로 빼지 않는다. 일단 부딪치고 본다. 그 병사도 딱 그랬다. 어떤 일이든 적극적이었고 능동적이었다. 그러니 선임병들이나 간부들이 좋아하지 않을 리 없다. 잘 교육시켜놓으면 병장쯤 되었을 때 나름대로 큰 역할을 할 것으로 기대되는 병사였다.

그런데 나중에서야 알게 된 사실인데, 그 병사에게는 허리 디스크가 있었다. 허리 디스크가 있는 상태에서 무거운 대포와 포탄을 들고 나르는 힘든 훈련을 했으니 그 고통은 이루 말할 수 없었을 것이다. 그런데도 그 병사는 입대 이후부터 그때까지 그 긴 시간 동안 혼자서 끙끙 앓아왔던 것이다. 참고 참고 또 참다가 더 이상 안 될 것 같아서 분대 장에게 보고했고, 분대장은 지휘관인 나에게 보고했다.

참 괜찮은 병사였는데, 괜찮은 만큼 미련하기도 했다. 진작 알았더라면 힘든 훈련에서 열외하거나 주특기를 변경하여 육체적으로 무리가 적은 보직으로 일찌감치 변경해줄 수도 있는 일이었으니 말이다. 어쨌거나 뒤늦게라도 알게 되었기에 관심병사로 분류하여 수시로 상황을 체크하고 군 의료기관에서 진료와 물리치료를 받을 수 있는 여건도 만들어줬다.

결국 그 병사는 민간 병원에서 디스크 수술을 받고 의병 전역했다. 혼자 버텼을 그 고통스런 나날들을 생각하면 안쓰럽기 그지없다. 늦게라도 자신의 상태를 보고한 것은 본인을 위해서나 부대를 위해서나 정말 잘한 일이었다. 그 이후 진행된 일들은 그 병사가 기대하지도 못했을 만큼 빠른 속도로 처리됐으니 말이다. 더욱이 만약 그 사실을 몰랐다면 나 또한 병사 관리를 제대로 하지 못한 지휘 책임은 물론 도의적 책임을 면키 어려웠을 것이다. 그러니 나를 위해서도 천만 다행스런 일이었다.

도와달라는 말은 용감한 자의 말이다

도와달라는 말이 약한 자들의 전유물이라 생각하는가? 강한 남자는 이런 말을 해서는 안 된다고 생각하는가? 그렇다면 지금부터 생각을 바꿔라. 이런 말을 하지 않는 것은 여러분이 강해서가 아니다. 거절당하는 것이 두렵기 때문이고, 남들이 우습게 볼까 봐 두렵기 때문이다. 이런 것들을 두려워하는 여러분은 강자가 아니라 약자이며 새가슴일 뿐이다.

반대로 언제 어디서든 도와달라고 말할 줄 아는 사람은 약해서가 아니라 자기가 원하는 바를 얻고자 하는 의지가 있는 자이고, 얻을 수 있는 방법을 아는 자다. 상대방의 거절을 걱정하지도 않고 약점 잡힐 것을 두려워하지도 않는 용기가 있는 자다.

다음의 유명한 성경 구절을 음미해보자.

"구하라 그리하면 너희에게 주실 것이요 찾으라 그리하면 찾아낼 것이요 문을 두드리라 그리하면 너희에게 열릴 것이니, 구하는 이마다 받을 것이요 찾는 이는 찾아낼 것이요 두드리는 이에게는 열릴 것이니라."

구하면 얻고 찾으면 찾고 두드리면 열리게 되어 있다. 반대로 구하지 않으면 얻을 수 없고 찾지 않으면 찾을 수 없으며 두드리지 않으면 열리지 않는다. 여러분과 함께하는 전우들이나 간부들을 차가운 피가 흐르는 냉혈한으로 여기지 마라. 그들도 따뜻한 피가 흐르는 여러분과 같은 인간이다. 아픈 사람을 보고도 모른 체 넘어가는 사람은 아무도 없다. 행군하다 뒤쳐진 전우를 뒤에 남겨두고 갈 동료들 또한 없다. 아무리 그곳이 오지이고 깜깜한 밤일지라도 여러분을 위해 약을 지어다 줄 간부들이 늘 곁에 있다.

사람은 받을 때보다 베풀 때가 더 기분 좋은 법이다. 그러니 그들에게 다가서라. 그리고 그들에게도 여러분에게 뭔가를 베풀 기회를 줘라. 분명 그들은 좋아할 것이다. 그리고 그들이 가진 것 중에서 가장 좋은 것을 줄 것이고, 그들이 할 수 있는 최선을 다해 여러분에게 베풀 것이다.

다가서기 껄끄러운 선임병이 있다면 그에게 마음을 열고 한 발 다가서보라. 그리고 그가 여러분을 위해 뭔가 베풀 수 있는 기회를 줘보라. 짐짓 귀찮고 싫은 티를 내겠지만 마음속에는 여러분에 대한 호감을 갖게 될 것이다. 왜냐하면 그런 사람일수록 외롭기 때문이다. 한 번 호의를 베풀고 나면 그는 여러분의 영원한 수호천사가 되어줄 것이다.

"도와주세요!"라는 말 한 마디에는 이처럼 마력이 있다. 자주, 그리고 현명하게 활용하기 바란다.

PART 6

성공하는 병사들의
네 가지 습관

습관 I:
즐긴다!

상대성 원리를 활용하면
군생활이 짧아진다

"피할 수 없으면 즐겨라"라는 말은 맞는 말이긴 한데 이제 식상하다. 너무 많이 들은 탓이다. "피할 수 없으면"이라는 말이 어딘지 모르게 거슬린다. 피할 수 있다면 굳이 즐기지 않아도 된다는 말인가? 피할 수 없는 환경을 만들어놓고 그것을 "즐겨라"라고 말하는 것은 병 주고 약 주는 셈이다. 나는 이 말을 생도 시절부터 들었고 그때부터 싫어했다.

나는 이 말을 다음과 같이 바꾸고 싶다.

"빨리 가고 싶으면 즐겨라!"

아인슈타인의 상대성 원리에 따르면 이 세상에 빛의 속도 외에는 속도, 시간, 거리 등은 모두 상대적인 개념이다. KTX를 타고 가는 사람과 통일호 열차를 타고 가는 사람이 체감하는 1시간에 대한 느낌은 서로 다르다. 예쁜 여자와 함께 있는 남자와 추한 여자와 함께 있는 남자가 체감하는 1시간에 대한 느낌 또한 다르다. 서울에서 부산까지의 거리를 자전거로 가는 사람과 자동차로 가는 사람이 인지하는 거리 개념 또한 다르다. 모든 게 상대적이다.

이런 경험도 한 번쯤 해봤을 것이다. 뭔가에 꽂혀서 완전한 몰입 상태에 빠져 있다가 정신을 차리고 보니 생각보다 훨씬 많은 시간이 흘러가버린 경험 말이다. 반대로 학교 교실에 앉아 있으면 그 짧은 50분이 5시간처럼 길게 느껴진 적이 있을 것이다.

이게 바로 상대성 원리다. 모든 좋은 것들은 빨리 사라진다. 모든 나쁜 것들은 오래 가는 법이다. 같은 시간일지라도 내가 좋아하는 일을 하면 그만큼 빨리 지나가고, 내가 싫어하는 일을 하면 그만큼 시간은 더디 간다.

이 원리를 군대생활에 대입해보자. 누구나 다 하는 게 군대생활이다. 그런데 많은 병사들이 군대에 끌려왔다는 부정적인 생각을 갖고 소극적이고 피동적으로 생활하는 데 반해, 소수의 병사들은 다른 병사들과 사정이 같은데도 매사에 적극적이고 능동적으로 생활한다. 한 마디로 군생활을 즐긴다.

그렇다면 이 두 부류 중에서 어느 쪽이 상대적으로 군대생활을 짧게 느낄까? 당연히 즐기는 병사들이다. 이들에게 2년이 1년 6개월 정도로 짧게 체감된다고 가정하면 끌려가듯 생활하는 다수는 2년 6개월 또는 그 이상으로 더 길고 더디게 체감된다고 볼 수 있다.

우리 인생에서 물리적인 시간은 중요하지 않다. 그 시간을 어떻게 느끼느냐가 더 중요하다. 게다가 물리법칙을 우리 마음대로 바꿀 수는 없는 노릇이다. 반면, 그 시간을 어떻게 보내느냐는 오롯이 우리의 선택에 달렸다. 여러분은 어떻게 할 것인가? 이 말이 피부에 와 닿지 않을지도 모른다. 하지만 기억은 하고 있기 바란다. 스스로 이 말을 기억하고 실천하고 싶은 순간이 올 것이고, 그것이 얼마나 강력한 힘을 가졌는지 스스로 깨닫고 놀라게 될 것이다.

그렇게 생활하면 시간도 빨리 가고, 집에도 빨리 가게 될 것이다.

즐긴다는 것은

위대한 철학자 쇼펜하우어Arthur Schopenhauer는 '즐기다'라는 표현을 다음과 같이 정의하고 있다.

"영어로 '즐긴다'의 의미는 사실상 '자신을 즐긴다to enjoy oneself'라는 뜻이다. '그는 파리를 즐긴다he enjoys paris'가 아니다. 어디까지나 '그는

즐기면 즐거운 법이다.
교육훈련을 즐기고 전술 훈련을 즐기며 작업도 즐긴다.
유격 훈련을 즐기고 혹한기를 즐긴다.
달콤한 휴식을 즐기고 전우들과의 우정을 즐기며 자유시간의 편안함을 즐긴다.
자투리 시간에 하는 자기계발을 즐기고 매점에서의 간식 타임을 즐기며
부모님과의 짧고 굵은 전화 통화를 즐긴다.
이 모든 즐김의 주체도 여러분이고 즐김의 대상도 여러분 자신이다.
즐긴다는 것은 바로 이런 것이다. 즐기면 시간이 빨리 지나간다.
즐기면 나 자신이 즐거워지고 행복해진다. 즐기면 온전한 나 자신이 된다.
그러니 즐겨라!
성공하는 병사들은 모두 군대생활을 즐기는 습관을 가지고 있다.

파리에서 자기 자신을 즐기다he enjoys himself in paris'이다."

- 『쇼펜하우어의 행복콘서트』(예인) 중에서 -

영화를 즐긴다는 것은 영화를 보면서 자신을 즐긴다는 뜻이다. 일을 즐긴다는 것은 일을 하는 가운데 자기 자신을 즐긴다는 뜻이다. 영화나 일이 즐김의 목적어가 될 수 없다는 뜻이다. 그것들은 즐기기 위한 수단일 뿐 즐길 수 있는 것은 오로지 자기 자신뿐이다.

군대생활도 마찬가지다. 군대를 즐길 수는 없다. 군대생활을 즐긴다는 것은 군대생활을 통해 여러분 스스로를 즐기는 것이다. 반대로 군대생활을 즐기지 못한다는 것은 군대생활을 통해 여러분 스스로를 즐기지 못한다는 의미다. 어떻게든 2년을 군대에서 보내야 한다. 누구나 군대생활을 해야 한다. 그 소중한 2년 동안 스스로를 즐기지 못한다는 것은 불행한 일이다. 하지만 똑같은 군생활을 하면서 즐길 수 있다면 그 자체만으로도 남들이 불행하게 버리는 2년을 내 인생의 한 부분으로 만드는 것과 같다.

교육훈련을 즐기고 전술 훈련을 즐기며 작업도 즐긴다. 유격 훈련을 즐기고 혹한기를 즐긴다. 달콤한 휴식을 즐기고 전우들과의 우정을 즐기며 자유시간의 편안함을 즐긴다. 자투리 시간에 하는 자기계발을 즐기고 매점에서의 간식 타임을 즐기며 부모님과의 짧고 굵은 전화 통화를 즐긴다. 이 모든 즐김의 주체도 여러분이고 즐김의 대상도 여러분 자신이다.

즐기면 즐겁다. 즐거우면 엔도르핀이 분비되고, 엔도르핀이 분비되면 스트레스가 억제된다. 스트레스가 억제되면 정신이 건강해지고, 정신이 건강해지면 육체도 건강해진다. 육체가 건강하면 매사가 즐겁다. 즐거우면 군대생활을 즐길 수 있다. 즐김의 선순환은 이렇게 무한 반복된다.

즐김의 최고봉은 하나가 되는 것

영화를 제대로 즐기려면 영화가 한눈에 들어오고 집중도가 높은 자리에서 봐야 한다. 그래서 유명 극장의 경우 예매 전쟁이 치열하다. 놀이공원을 제대로 즐기려면 핵심 놀이시설 빅5는 반드시 타야 한다. 구경만 하거나 간단한 놀이기구만 타고 와서 제대로 즐겼다라고 말할 수 없다. 서울을 즐기려면 서울의 중심부 가까이로 가야 한다. 구리나 김포쯤에서 서울을 바라봤다고 해서 서울을 즐겼다고 말할 수 없다.

군대생활도 마찬가지다. 군대생활을 온전히 즐기려면 군대생활의 중심에 가까이 다가서야 한다. 곧 군인 그 자체가 되는 것이다. 군대생활을 즐기지 못하는 다수의 병사들은 언제까지나 '군복만 입고 있는 민간인'이라는 생각으로 생활한다. 군인과 나를 절대 동일시하지 못하는 것이다. 반면 군대생활을 온전히 즐기는 병사들을 지켜보면 직업군인보다 더 프로다운 면모가 느껴진다. 어설픈 하사나 중사, 혹은 소위나 중위보다 더 낫다.

아직도 내 기억 속에 '대한민국 대표 병사'라고 해도 과언이 아닐 정도로 멋진 모습으로 남아 있는 병사가 있다. 그 친구는 연기자를 꿈꾸며 극단에서 생활하다 온 친구였는데, 군대생활도 마치 무대 위에서 연기하는 듯했다. 그의 연기가 얼마나 리얼하고 멋있었던지 이등병 시절부터 전역할 때까지 수도 없이 박수를 치며 응원했다.

처음 부대로 전입 왔을 때는 '어라! 좀 하는데!'라고 생각하며 좀 있으면 시들시들해질 거라 예상했었다. 본인 스스로 포기하든 다른 병사들의 눈치로 그만두든 조만간 포기할 거라 생각했다. 초심을 유지하는 병사들은 극히 드물기 때문에. 그런데 그 병사는 전혀 그렇지 않았다. '참군인' 하면 떠오르는 절도 있고 패기 넘치는 자세를 전역할 때까지 견지했다.

그가 요령 피운다거나 은근 슬쩍 뒤로 빠진다거나 해야 할 일을 미루는 경우는 한 번도 없었다. 후임병 시절에는 해야 되는 일 외에도 궂은일을 스스로 찾아서 했고, 선임병이 되어서는 후임병들의 모범이 되었을 뿐만 아니라 그들이 못하는 일까지도 도맡아 했다. 봉급을 받고 생활하는 간부들이 부끄러울 정도로 의무 복무 그 이상의 군생활을 했다. 욕심 같아서는 군에 말뚝 박게 하고 싶은, 군이 놓치면 정말 아까운 인재라고 생각했다. 그러나 본인은 전혀 그럴 생각이 없었다. 군인이기 때문에 군인답게 행동한다는 것이 그 병사의 유일한 철학이었고 생활신조였다.

그 병사는 군인과 자신을 완전한 동일체로 생각했다. 영원히 섞이지 않는 물과 기름의 관계가 아니라 군인이라는 물속으로 뛰어들어 그 속에 자신을 융화시켜버렸던 것이다. 그 물속에서 자신을 잊은 것이 아니라 물과 하나가 된 자신으로 행동했던 것이다.

즐긴다는 것은 바로 이런 것이다. 즐기면 시간이 빨리 지나간다. 즐기면 나 자신이 즐거워지고 행복해진다. 즐기면 온전한 나 자신이 된다. 그러니 즐겨라! 성공하는 병사들은 모두 군대생활을 즐기는 습관을 가지고 있다.

습관 II:
뻘쭘함은 못 참아! '참여하기'

배우냐 관객이냐 그것이 문제로다

우리는 누구나 이 세상에서 주인공이 되고 싶어 한다. 주인공이 되어 세상의 시선과 갈채를 한 몸에 받고 싶어 한다. 하지만 이건 어디까지 개인의 바람일 뿐이다. 개인의 차원을 벗어나 학교나 직장, 군대와 같은 조직의 차원으로 넘어오면 얘기가 달라진다.

"이거 한번 해볼 사람?" 직장에서 자주 듣는 얘기다. 이런 얘기를 들으면 대부분은 쭈뼛쭈뼛대고 그 얘기를 꺼낸 상사의 시선을 회피한다. 내가 결정해서 내 돈을 들여 내 발로 직접 가는 곳이 아니라 직장에서 떼거지로 몰려가는 연수는 아무리 여행이라도 마음 내키지 않는다. 내 돈 들여 혼자서 간 여행이라면 본전 뽑으려고 이리저리 돌아다니며 눈에 익혀두고 사진도 찍고 하겠지만, 단체로 간 여행은 한 번 획 둘러

보면 끝이다.

　이건 남 얘기가 아니라 나의 얘기고 우리 모두의 얘기다. 우리 모두에게는 주목받고 싶어 하는 욕구가 다 있다. 하지만 주목받을 수 있는 일을 회피하려는 습성 또한 누구나 다 가지고 있다. 세상 만인이 빌게이츠나 스티브 잡스와 같은 성공을 꿈꾸지만 성공하는 사람이 극히 적은 이유가 바로 여기에 있다고 생각한다. 누구나 꿈은 꾸지만 그 꿈에 참여하지 않는 것! 주목받고 싶지만 주목받는 자리에 나서기 싫어하는 것! 그래서 우리는 이 세상의 주인공이길 원하면서도 그저 남들이 주인공이 되어 살아가는 삶을 바라만 보는 데 만족하는 관객의 삶을 살아간다.

　군에서도 마찬가지다. 병사들의 경우 누구나 '나도 포상휴가 가고 싶다'라고 생각은 하면서도 그런 기회를 잡으려는 노력을 하지 않는다. 앞에서 포상휴가를 갈 수 있는 많은 방법에 대해서 소개했지만, 그렇게 할 수 있는 대전제는 부대의 일에 적극적으로 참여하는 것이다. 포상휴가는 석유처럼 한정된 자원이다. 세계 각국이 석유쟁탈전을 벌인다. 마찬가지로 한정된 자원을 쟁취하는 방법은 그저 바라만 보며 꿈만 꾼다고 해서 되지 않는다. 포상 받을 만한 행동을 하는 것, 곧 참여해야 한다는 말이다. 물론 다음 기회라는 것도 있지만 늘 다음 기회만을 노리며 그저 미적거리기만 하다가는 포상휴가 한 번 못 가보고 전역하는 경우도 수두룩하다.

성공하는 병사들은 언제나 참여한다. 이것저것 재보거나 따지지 않는다. 생각보다 행동이 먼저다. 그들이 그렇게 행동할 수 있는 것은 '해본다고 나쁠 건 없다'라고 생각하기 때문이다. 군에서는 병사들에게 나쁜 일을 시키지 않는다. 위험한 일을 시키지도 않는다. 병사들의 참여를 요구할 때는 언제나 병사들의 능력과 수준을 고려한다. 이를 알기에 마음 놓고 참여하고 그것을 즐기라고 하는 것이다. 이런 자세와 마음가짐, 태도가 그 병사를 다른 병사들과 구분되게 하는 핵심 요인이다. 스스로를 주인공으로 만드는 것이다. 나머지 병사들은 그저 바라만 보며 박수만 쳐주는 관객일 뿐이다.

80/20 법칙

술자리를 할 일이 있으면 주문한 술을 모두가 골고루 나눠 마시는지, 특정 몇 명이 집중해서 마시는지 한번 관찰해보자. 회식 자리에서도 시킨 고기를 골고루 나눠 먹는지, 식성 좋은 몇 명이 싹쓸이하는지 관찰해보자. 그러면 재미있는 사실을 발견하게 될 것이다. 모두가 골고루 공평하게 나눠 먹는 일은 절대로 없다. 술이든 고기든 거의 대부분을 소수 몇 명이 먹어치우는 것을 알 수 있다.

조직에서도 마찬가지다. 먹는 것과는 달리 즐거움이 있는 건 아니지만 조직이 해야 할 과업 가운데 대부분은 특정 몇 명이 전담해서 처리한다. 이를 설명하는 법칙이 '80/20 법칙'이다. 어떤 조직이든 업무의 80퍼센트를 구성원의 20퍼센트가 처리한다는 것이다. 아이러니한 것은 20퍼센트에 드는 우수인재들만을 따로 선발해서 한군데 모아놓아도 실수 20과 허수 80으로 나뉜다는 점이다.

다시 말해 모든 조직은 무대에서 뛰는 주연 20과 그저 박수만 치는 관객 80으로 구성된다는 말이다. 이 말을 달리 해석하면 100명 중 20명은 언제나 고생하고 80명은 대충 시간만 때운다는 말이다. 언제나 기업을 먹여 살리는 스타는 20퍼센트다. 그렇다고 나머지 80퍼센트가 일을 하지 않는다는 것은 아니다. 다만 성과로 연결되는 일을 하지 못한다는 점이다. 이 말을 다시 뒤집어보면, 스포트라이트를 받는 20퍼센트에게 포상, 승진과 같은 모든 특전이 돌아간다는 말이 된다. 이를 군대생활에 접목시켜보자. 중대원 100명 중 중대의 크고 굵직한 업무에 주로 참여하는 병사는 20명 정도이고, 그 20명은 어김없이 포상휴가의 주역이 된다고 볼 수 있다.

그렇다면 정예 20과 허수 80을 가르는 기준은 뭘까? 지능? 재능? 체력? 모두 아니다. 이런 요소들이 어느 정도 도움이 되는 것은 사실이지만, 가장 중요한 요인은 뭐니 뭐니 해도 적극적인 참여 의지다. 포상을 바라고 하는 의도적 참여가 아니라 자발적 참여. 포상을 바라는 의도적 참여는 금방 지치고 포기하며 보는 이들에게 티가 난다. 그래서 오래 가지 못한다. 반면, 자발적 참여는 내적 책임감과 성실함에서 비롯되므로 절대 지치는 일이 없고 모두가 인정한다.

여러분은 80에 속해서 있는 듯 없는 듯 그저 속 편하게 생활하기를 바라는가, 아니면 20에 속해서 부대활동에 적극적으로 참여하면서 역동적으로 생활하기를 바라는가? 오롯이 여러분의 선택에 달려 있다. 여기에 한 가지 팁을 주겠다. 허당 80클럽을 벗어나 정예 20클럽에 가입할 수 있는 방법이다. 여러분의 행동을 한번 잘 관찰해보자. 중요한 일은 언제나 20 정도의 비중밖에 되지 않는다. 나머지 80은 중요하지 않은 잡다한 일들에 소비하고 있음을 스스로 확인할 수 있을 것이다. 그것을 바꾸면 된다. 중요한 일에 80의 노력을 들여라. 허드렛일에는 20 정도의 노력만으로도 충분하다. 이것은 여러분의 습관을 바꾸고 인생과 운명을 바꾸는 좋은 방법이 되어줄 것이다.

이왕이면 주연이 되어라

"야! 너 또 휴가 가냐?" 분명 얼마 전에 포상휴가를 다녀온 걸로 기억하는데 또 휴가 나간다고 신고하러 오니 물어보는 말이다. 또 어떤 병사는 말년휴가가 과장 좀 보태서 학생들 방학만큼이나 길다. 왜 그런지 확인해보면 그동안 받아둔 포상휴가를 몽땅 붙여서 간단다. 규정상 다 붙이지 못하는 건 고생하는 후임병들에게 나눠주고 싶다는 건의와 함께.

이것이 성공하는 병사들의 모습이다. 비록 '끌려왔다'고 해도 다 같은 '노예'와 같은 마음일 거라 오판하지 마라. 많은 병사들이 끌려온 자의 억울함과 서글픔의 감정에 빠져 허우적대고 있을 때, 소수의 병사들은 그런 소모적인 감정에 자신을 내맡기지 않고 자신의 자리를 찾기 위해 노력한다. 그야말로 뻘쭘한 건 참지 못한다. 잉여인간으로 취급되는 것을 스스로 용납하지 못한다. 비록 끌려온 군대지만 말 없는 다수 속에서 침묵하기를 거부한다. 군중 속에 함몰되어 존재감 없이 사는 것은 사는 게 아니라고 생각한다. 그래서 부단히 자기 자리를 찾으려 노력하고 그런 과정을 통해 자신의 정체성을 확립해나간다. 부대 병사들과 간부들에게 자신의 이름 세 글자를 각인시킨다.

이왕 할 거면 관객이 되지 말고 배우가 되어 무대에 서라. 이왕 할 거면 조연이 되지 말고 주연이 되어라. 조연은 주연을 위해 존재한다. 주연이 되어 군대생활이라는 청춘의 무대에서 여러분의 끼와 재능을 마음껏 펼쳐라. 포상휴가와 같은 1차원적인 보상 외에도 여러분 스스로의 내적 만족과 충만함, 동료들의 인정과 존경을 한 몸에 받게 될 것이다. 무엇보다 이런 삶의 태도가 습관이 되면 전역 후 여러분은 세상에 끌려가는 삶이 아닌 운명의 개척자가 되어 자신의 삶을 이끌어나가게 될 것이다.

"자원해서 일요일에도 보초를 섰고 작업이 생기면 제일 먼저 손을 들었다. 완전군장 구보 중에 옆 사람의 총을 들어주었고, 1주일 내내 전투복을 못 벗는 5분 대기조에도 자원했다. 내가 조금 힘들면 동료들이 편하지 않은가? 그렇게 계산하지 않으면 배려할 수 있다."

- 탤런트 안석환, 『내 꿈은 군대에서 시작되었다』(샘터) 중에서 -

●

습관 III:
황금률을 실천하고 황금을 얻는다

다 같이 힘든데 왜 서로 갈굴까?

부대가 전방 오지에 있어서 힘든 게 아니다. 부모, 친구들과 떨어져 있기 때문에 힘든 것도 아니다. 아까운 2년을 허송세월하는 게 분해서 힘든 것은 더더욱 아니다. 우리를 힘들게 만드는 것은 다 같이 힘든 사람들끼리 서로를 힘들게 하는 것이다.

군대생활을 하다 보면 이해할 수 없는 게 하나 있다. 서로가 서로를 힘들게 하고 괴롭히고 못 잡아먹어서 안달하는 행태가 바로 그것이다. 장교 사회든 부사관 사회든 병사들의 세계든 동일하다. 사회에서는 군인을 3D^{Dirty, Dangerous, Difficult} 업종으로 분류하여 기피 직종으로 여기고, 군사정권 이후 군대에 대한 인식도 부정적으로 바뀌어가고 있다.

군복이 더 이상 존중받지 못하는 세상에서 병사들은 휴가 나가서 군복을 풀어헤치고 다닌다. 신성하게 취급되어야 할 군복은 최고의 작업복으로 취급된다. 군대가 처한 상황은 결코 쉬운 상황이 아니다. 그런데도 서로 아껴주고 단결하지 못할망정 그 좁은 우물 안 세계에서 아웅다웅 다투고 서로가 서로를 힘들게 한다. 우물 밖에서 바라보면 이보다 웃긴 일이 어디 있을까 싶다.

다음의 사례를 한번 읽어보자.

"이 수용소에서 저 수용소로 몇 년 동안 끌려 다니다 보면 결국 치열한 생존 경쟁 속에서 양심이라고는 눈곱만큼도 찾아볼 수 없는 사람들만 살아남게 마련이다. 그들은 수단과 방법을 가리지 않을 각오가 되어 있는 사람들이었다. 자기 목숨을 구하기 위해 잔혹한 폭력과 도둑질은 물론 심지어 친구까지도 팔아넘겼다."

- 빅터 프랭클, 『죽음의 수용소에서』(청아출판사) 중에서 -

나치에 의해 수용소로 끌려온 다 같은 유대인들이 벌이는 행태다. 같은 어려움에 처한 같은 민족끼리 벌이는 치졸한 행태가 적나라하게 그려져 있다. 우리 군에도 이와 같은 인간 군상들이 그려내는 웃지 못할 드라마가 그대로 재현되고 있다.

군대에서 이런 행태가 자행되는 가장 큰 이유는 자신의 내면에 억압된 분노의 배출구로 부하나 하급자들이 가장 만만하기 때문이다. 사회에서는 인권, 기본권 등 법률적 제재 때문에 이런 행위가 그리 쉽지 않다. 하지만 군에서는 눈에 보이지도 않고 손에 잡히지도 않는 인권이나 기본권과 같은 추상적 개념보다 이른바 '주먹'이 가깝기 때문에 편안하고 손쉽게 부하나 하급자에게 분노나 화를 표출한다.

물론 군도 자정 노력을 기울이고 있지만 법과 규정은 언제나 멀게 느껴지는 법이다.

내가 대접받고 싶은 대로

그렇기 때문에 군대에서는 작은 배려가 부하들의 가슴을 울린다. 작은 사랑이 얼어붙었던 병사들의 가슴을 녹이고 다시 따뜻한 피가 흐르게 만든다. 강압과 강제, 지시와 명령, 육체적 속박과 정신적 고립감 등과 같은 차갑고 어두운 세계에서 살아가는 병사들에게 따뜻한 위로 한마디는 한 줄기 빛과도 같다. 이는 그들의 메마른 정신세계를 환하게 비춘다. 딱딱하게만 여겨왔던 군대생활에도 인간미가 살아 있음을 느끼게 한다. 아울러 그토록 괴롭히고 힘들게 하던 병사들이 사랑과 정에 굶주린 가엾은 인간들임을 알게 된다.

그래서 군대가 비록 '무력', '폭력' 등과 같은 단어로 상징되지만, 그 안에서는 '사랑'이라는 두 글자가 더 큰 힘을 발휘한다. 간부들이든 병사들이든 사회에서 동떨어진 외로운 사람들이기 때문에 동병상련同病相憐

의 아픔이 있다. 병사들끼리는 대부분 처지나 입장이 비슷하기 때문에 서로서로의 아픔에 공감할 수 있는 부분이 많다. 겉보기엔 강하고 우락부락 거칠게 보여도 속은 정말 여리다. 힘으로 그들을 이길 수 없어도 따뜻한 말 한 마디, 진심에서 우러나는 작은 관심이 그 거구들을 울게 만든다.

성경에 나오는 "무엇이든지 남에게 대접을 받고자 하는 대로 너희도 남을 대접하라"라고 하는 황금률은 군대와 같은 조직에서 가장 큰 힘을 발휘한다. 딱딱한 위계사회에 인간다움이라고 하는 윤활유를 칠하고, 편하게 숨 쉴 수 있게 만드는 산소를 만들어낸다.

성공하는 병사들은 모두 황금률을 실천한다. 내가 힘들면 남도 힘들다는 사실을 알기 때문에 절대 힘든 일을 타인에게 전가하지 않는다. 내게 귀찮은 일은 남에게도 귀찮은 일임을 알기에 비록 대하기 편한 후임병일지라도 시키지 않는다. 더군다나 엄연히 내가 해야 할 일을 후임병에게 시키는 몰지각한 행동은 하지 않는다. 많은 병사들이 후임병들을 편하게 대하고 함부로 이것저것 시키는 경향이 있기 때문에 황금률을 실천하는 선임병은 당연히 존경의 대상이 되고, 후임병들이 믿고 따르게 된다.

이런 병사들로 인해 부대가 크고 작은 사고로 떠들썩하지 않고 평화롭고 원만하게 흘러갈 수 있다는 사실을 지휘관이나 간부들은 잘 안다. 특히 이들은 앞에서 얘기한 '즐기는 병사'이기도 하고 '적극적으로 참여하는 병사'이기도 하다. 이런 까닭에 간부들은 은연중에 이들에게 의지하기도 하고 이들의 도움을 필요로 하기도 한다. 간부들이 이들을 아끼고 사랑하는 이유는 바로 여기에 있다.

가진 것 없이 베풀고
배로 돌려받기

'내가 대접받고 싶은 대로 대접하기'에는 사실 돈 한 푼 들지 않는다. 따뜻한 마음만 있으면 누구나 언제 어디서나 누구에게나 베풀 수 있다. 그렇다고 아무 대가도 없다고 생각하면 오산이다. 인간이란 빚지고는 못 사는 법이다. 돈 몇 푼 빌린 것보다 따뜻한 말 한 마디와 자상한 배려, 작은 관심 하나에 더 큰 고마움을 느끼고 큰 빚을 졌다는 느낌을 갖게 만든다.

> "아직도 기억이 난다. 동기들, 심지어 한 기수 아래 후임병들은 행군 도중 흐물흐물 제대로 걷지도 못하는 내 곁으로 슬며시 다가와 포판 혹은 포열을 자기 어깨로 옮겼다. 그리고 복귀하는 내내 자기들끼리 나눠서 그것을 들고 갔다. 어떤 동기는 심지어 내 M16도 뺏어들고 갔으며, 나중에는 내 철모까지 들고 갔다. 〈중략〉 요즘에 나는 군대 동기나 후임을 만나면 존댓말을 쓴다. 나보다 나이가 많으니까 당연하

다. 그런데 그것은 꼭 그 때문만은 아니다. 고마움 때문이다."

-영화평론가 오동진,『내 꿈은 군대에서 시작되었다』(샘터) 중에서 -

힘들어하는 전우의 짐을 대신 들어주는 것은 별로 힘든 일이 아니다. 집안 문제로 혹은 애인 문제로, 또는 진로 문제로 고민하는 후임병들의 고민을 들어주고 조언해주는 것 또한 결코 어려운 일이 아니다. 돈이 드는 일도 아니다. 그러나 그 선임병에 대한 후임병의 고마움은 평생토록 기억된다. 평생의 은인이나 마찬가지인 셈이다.

한편, 군에서는 선임병과 후임병의 관계일지 몰라도 사회에 나오면 언제 어디서 어떤 모습으로 만나게 될지 알 수 없는 노릇이다. 늘 "법보다 주먹이 가깝다"라며 후임병을 함부로 대하던 선임병들이 전역 후 후임병 밑에서 일하는 경우도 허다하다. 과연 그가 선임병 대접을 제대로 받을 수 있을까? 천만의 말씀이다. 받은 만큼 돌려주는 게 인간의 본성이다. 현실만 중시하는 근시안적인 인간의 모습은 늘 이렇다. 마키아벨리Niccolò Machiavelli의 말처럼 제 머리 위에서 독수리가 날고 있다는 사실을 모른 채 눈앞의 지렁이만 바라보는 참새와 같은 존재일 따름이다.

이제 여러분 차례다.

습관 IV:
말이 아닌 행동으로 리드한다

말만 많은 인간 vs 행동하는 리더

머릿속에 든 게 많고 말을 조리 있게 잘 하면서 행동으로 부하들을 리드하는 사람이 있다면 이 시대와 이 나라에 꼭 필요한 인재임에 틀림없다. 그런데 현실 세계에는 이런 사람을 보기가 쉽지 않다. 똑똑하고 말만 번지르르하게 잘 하거나 솔선수범 하거나 둘 중 하나다. 대부분의 부류가 전자에 속한다. 그래서 이 시대, 이 사회에 진정한 리더가 없다고 아우성치는 것이다.

다음의 사례를 보자.

"여러 사병들이 커다란 통나무를 힘들게 낑낑대며 옮기고 있었다. 그런데 상사 한 명은 그 옆에 서서 고함만 지르고 있었다. 이때 말을 타고 가던 한 신사가 물었다. '상사님, 당신은 왜 함께 통나무를 운반하지 않습니까?' 이 물음에 상사는 '나는 이 사병들을 감독하는 상사니까요.'라고 대답했다. 신사는 말없이 말에서 내리더니 웃옷을 벗고 사병들과 함께 열심히 통나무를 나르기 시작했다. 일이 끝나자 그는 서둘러 가던 길을 재촉하며 이렇게 말했다. '상사! 앞으로 통나무를 나를 일이 있으면 총사령관을 부르게!' 병사들은 그제야 자기들과 함께 통나무를 나른 신사가 미군의 총사령관 워싱턴 장군임을 알았다."

- 전옥표, 『이기는 습관』(쌤앤파커스) 중에서 -

대부분의 리더들이 위 사례의 상사와 같은 유형이다. 말만 하고 지시만 내린다. 이런 유형의 리더들은 전체적인 그림을 볼 줄 알아야 정확한 지시를 내릴 수 있다고 변명할 것이다. 그러나 변명은 변명일 뿐이다. 직접 현장에 가보지 않고 현장의 상황을 제대로 알 수 없다. 직접 문제에 뛰어들지 않고서는 정확한 문제가 뭔지 알아낼 수 없고 해결책을 찾지도 못한다. 직접 해봐야만 문제가 뭔지 알 수 있고, 일의 진행을 가로막는 장애물을 찾아낼 수 있다.

역사상 위대한 리더로 추앙받는 위인들은 모두가 솔선수범형 리더다. 제2차 세계대전의 영웅 롬멜Erwin Rommel 장군은 말만 해대는 리더들에게 다음과 같이 말하며 경종을 울린다.

"이번 전쟁에서 지휘관의 자리는 바로 이곳 전선입니다. 저는 탁상 위의 전략을 믿지 않습니다. 그런 것은 참모부에 맡겨둡시다. 〈중략〉 기병대의 사령관이 안장에서 명령을 내렸던 것처럼 전차사단의 지휘관은 움직이는 전차에서 명령을 내립니다."

- 크리스터 요르젠센,

『나는 탁상 위의 전략은 믿지 않는다』(도서출판 플래닛미디어) 중에서 -

똑똑한 머리와 화려한 말솜씨로 리드하면 부하들이 따를 것 같은가? 천만의 말씀이다. 현장의 어려움을 모르는 리더를 자신의 리더로 인정할 부하는 없다. 군대에서의 리더는 평시에는 자신들의 수고를 덜어주고 전시에 자신들의 생명을 좌우하는 존재임을 너무나 잘 알기 때문이다.

군대 업무의 8할은 몸으로 하는 일이다

군대에서 머리 쓸 일은 많지 않다. 이런 말을 들으면 군에 대한 모독이라고 발끈할지도 모르겠지만 사실이다. 복잡한 행정업무는 장교들의 몫이지만, 그것도 따지고 보면 옛날 자료들을 시대에 따라 이리저리 우려먹는 것에 불과하다. 대부분의 일들이 규정과 방침, 내규와 예규에 하나하나 명시되어 있다. 군복을 착용하는 방법부터 인사하는 방법까지 규정에 명시되어 있다. 훈련 방법도 교범에 친절하게 설명되어 있다.

모든 것이 문서로 규정되어 있다는 말은 쉽게 말해 생각하지 말라는 얘기다. 생각하거나 판단하지 말고 그대로 따르라는 의미다. 훈련도 마찬가지다. 병사들을 훈련시키는 목적은 '조건반사적 대응'을 위함이다. 총알이 빗발치는 전장에서 생각은 명을 재촉하는 장애물일 뿐이다. 평소 훈련을 통해 몸으로 익힌 전투감각들이 자동으로 튀어나와야만 살 수 있고 이길 수 있다. 이것은 '반복과 숙달'을 통해서만 가능하다.

훈련, 운동, 작업, 정비, 청소 등 대부분의 부대 일과도 몸으로 하는 일이다. 그러므로 이론으로만 알고 있는 사람은 몸으로 익힌 사람들만이 가지고 있는 노하우, 요령과 같은 암묵지를 알 수가 없다. 도자기 굽는 과정을 이론으로 안다고 해도 실제로 도자기를 구워내지 못하는 것과 같은 이치다. 이런 까닭에 말로만 가르치고 지시하는 것은 공허한 외침일 뿐이다. 행동으로 직접 해봐야만 보다 효율적인 훈련 방법을 고안해낼 수 있고, 더 합리적으로 작업할 수 있는 방법을 찾아낼 수 있다.

한 번은 병사들의 건의로 '일일기자 제도'를 시행한 적이 있다. 하루 2명씩 일일기자를 임명하고, 그날은 모든 일과에서 열외하여 기자의 눈으로 부대의 문제점을 파악하도록 했다. 그랬더니 평소에는 간과

리더십에 대한 수많은 이론들이 있고
시중에는 셀 수도 없을 만큼 많은 책들이 있지만,
영원불멸의 리더십 원칙은 단 하나밖에 없다.
바로 솔선수범이다.
육군 보병학교의 구호가 'follow me!'인 것은 바로 이런 이유 때문이다.
리더가 앞장서면 부하들도 간다.
설령 그곳이 지옥이라도!

하고 넘어갔던 부대의 문제점들을 하나둘씩 보고하기 시작했고, 보고된 내용들은 간부들의 검토를 거쳐 즉각 시정·조치됐다. 부대에 대한 애착심과 주인의식을 가지라고 말로만 했을 때에는 콧방귀도 안 뀌던 병사들이 하루아침에 달라져버린 것이다. 부대 구석구석을 매의 눈으로 바라보고 고치고 시정해야 할 것들과 병사 개개인들의 애로사항들을 찾아다녔다. 방관자의 시선으로는 보이지 않던 것들이 주인의 시선으로 보니 보이기 시작한 것이다.

이것이 현장과 행동이 주는 이점이다. 성공하는 병사들은 언제나 행동으로 리드한다.

최고의 설득 방법은 행동이다

갓 전입한 이등병에게 곡괭이질 하는 방법을 알려주는 최고의 방법은 시범이다. 선임병들은 곡괭이 자루 잡는 법부터 힘의 강약을 조절하는 방법까지 직접 몸으로 시범을 보여주며 가르친다. 그러면 이등병은 서툴지만 금방 배운다. 말로 이래라 저래라 하는 선임병은 없다. 그래서는 제대로 가르칠 수 없음은 삼척동자도 다 아는 사실이다.

아무리 까다로운 일이라도 선임병이 시작하면 나머지 분대원들도 따라 나선다. 반대로 선임병이 가만히 앉아서 말로만 과업의 목적과 방법을 알려주고 나서 "지금부터 시작해!"라고 하면 후임병들은 제대로 할 수 없다. 그저 우왕좌왕하거나 이리저리 헤매다 시간 다 보낸다. 결국 임무 완수에 실패하고 간부들로부터 꾸지람을 듣거나 불이익을 받는다. 이런 분대의 분위기가 좋을 리 없고, 그 분대장을 존경하고 마음으로 따르는 후임병도 없다.

한번 생각해보자. 행동한다는 것이 과연 무엇을 의미할까? 첫째, 윗사람이 하면 아랫사람은 하지 않을 수 없다. 하기 싫어도 미안해서라도 하게 되어 있다. 둘째, 동류의식이 형성된다. '저 사람은 말로만 하는 사람이 아니야. 우리와 함께 동고동락하는 사람이야'라고 생각하게 만든다. 셋째, 친밀감이 생긴다. 함께 땀 흘리면 그만큼 쉽게 친해진다. 친해지는 만큼 마음을 열고 믿음을 갖게 된다.

이렇게 선임병이 행동으로 리드하면 후임병들은 지옥의 불구덩이라도 뛰어들 수 있을 만큼 선임병에게 충성을 다한다. 이런 분대는 어떤 과업을 부여해도 성공적으로, 보기 좋게 완수한다. 지휘관 입장에서 이런 분대를 편애하는 것은 당연하지 않겠는가?

리더십에 대한 수많은 이론들이 있고 시중에는 셀 수도 없을 만큼 많은 책들이 있지만, 영원불멸의 리더십 원칙은 단 하나밖에 없다. 바로 솔선수범이다. 육군 보병학교의 구호가 'follow me!'인 것은 바로 이런 이유 때문이다. 리더가 앞장서면 부하들도 간다. 설령 그곳이 지옥이라도!

이것이 성공하는 병사들이 후임병들을 리드하는 방법이다.

에필로그

미루고 미루었던 숙제를 드디어 끝낸 기분이다. 가족의 건강 문제로 인해 내 운명이라 믿었던 군인의 길을 접고 전역한 이후 늘 마음에 두고 있었던 일이었다. 언젠가는 해야 할 일이었고, 또 누군가는 반드시 해야 할 일이었다. 내 동생 같고 조카 같은 젊은이들이 지침서 삼아 볼 수 있는 군대생활 가이드는 반드시 필요하다고 생각했다. 또 조금만 있으면 입대 문제로 고민할 내 아들을 위해서라도!

현역에 있을 때를 돌아보면, 우리 젊은이들이 군대와 군대생활에 대한 사전 배경 지식이 거의 없는 상태에서 입대하는 것을 자주 볼 수 있었다. 친구 따라 강남 가듯 남들 가니까 따라가는 식이다. 분명 입대 전에는 아까운 청춘 2년을 국가에 반납하는 것에 대해서 분개하고 억울해 하기도 하며 술도 마시고 안타까워했을 게 뻔하다. 그런데도 그 아까운 2년이 무엇을 하는 시간인지, 어떻게 보내야 의미 있게 보낼 수 있는지 등에 관해서 거의 백지 상태라는 점은 도무지 이해할 수 없었다.

그렇게 된 데에는 그럴 수밖에 없는 사정이 있음을 금방 알 수 있었다. 첫째, 장교들은 현역이든 전역한 사람이든 먹고 살기에 바쁘다. 현역에 있을 때에는 이런 책을 쓴다는 것 자체가 불가능하고, 전역해서는 생계 문제로 이런 사소한 문제에 신경 쓸 겨를이 없다. 둘째, 병사 생활을 경험한 전역자들 또한 취업과 생업전선에 뛰어들어야 하는 관계로 군생활을 그저 추억으로 간직할 뿐 체계적인 기록으로 남길 여유가 없다.

상황이 이렇다 보니 군대생활은 전역자들의 경험담 위주로 입에서 입으로 구전될 뿐이다. 구전된다는 말은 과장되고 왜곡된다는 말이다. 사소한 일들도 전설과 무용담으로 둔갑한다. 이런 얘기들은 이제 곧 입대할 젊은이들에게는 군에 대한 의문과 궁금증의 해소가 아니라 두려움의 근원이 되고 만다. 그런 얘기를 들을 바에는 차라리 모르는 게 약이라 생각하고 자포자기한 심정으로 입대하고 만다.

전역 후 나 또한 제2의 인생을 어떻게 살아야 할지에 대해서 고민하고 방황하는 시간을 보냈다. 책 속에 길이 있다고 생각하고 수많은 책들을 게걸스럽게 읽어댔다. 읽고 또 읽어도 어느 책도 답을 알려주는 책은 없었다. 그러던 중 의미심장한 글귀가 눈에 띄었다.

"네가 없다면 이 세상이 잃게 되는 것이 무엇인가?"

워낙 이 한 문장에 꽂힌 탓에 도무지 누가 어떤 책에서 한 말인지 기억나지 않는다. 하지만 그동안 내가 찾고 있던 답을 찾은 듯했다. 나는 육사에서 군사학을 배웠다. 국방대학원에서 리더십을 전공했으며, 부가적으로 역사와 경영학 분야도 독학했다. 군생활을 하면서 틈틈이 경영서와 자기계발서들을 사서 보았으며, 육군대학을 거치면서 군사전략, 군사사상, 전술 및 전략, 전쟁사 등 다양한 분야에 대해서도 심도 깊은 연구를 할 수 있었다.

야전에서 지휘관과 참모 생활을 하며 야전의 실상을 경험했고, 이론과 실제의 괴리를 경험하기도 했다. 육군본부 참모총장 비서실에서 근무하면서 군 전체를 조망하며 군이 나아가야 할 방향에 대해서 참모총장의 시각에서 고민해보기도 했다.

이렇듯 그동안 쌓아온 지식과 경험, 말로 표현할 수 없는 암묵지들을 전역과 동시에 폐기처분한다는 것은 내 인생의 낭비이자 나를 길러준 이 세상의 손해이기도 하다는 생각이 들었다. 이런 생각으로 번민하던 차에 저 문구를 본 것이다.

내가 없으면 이 세상이 잃게 될 것은 바로 군에서 쌓아온 나의 모든 것이었다. 그래서 쓰기 시작한 것이 이 책이다. 전략이나 전쟁사, 혹은 리더십과 같은 거창한 주제로 시작할 수도 있었지만 그런 분야는 지식만 있을 뿐 경험과 함께 우려내지 못한다. 반면, 병사들의 군대생활은 내가 직접 보면서 지도하고 조언을 해줬던 경험이 있다. 그래서 더와 닿았는지도 모르겠다.

이 책은 소박하다. 국방이라는 거시 문제를 다룬 것도 아니고, 전쟁사와 같은 거창한 주제를 다룬 책도 아니다. 저 위에 있는 사람들이 보기에는 정말 하찮은 병 생활을 다룬 책이다. 하지만 대한민국에서 의무 복무가 없어지지 않는 한 이 책은 절망 앞에 선 이 나라의 젊은이들에게 길잡이가 되어줄 책이다. 아까운 2년을 생산적이고 의미 있게 보냄으로써 반납한 청춘을 온전히 자기 인생의 소중한 한 부분으로 만들어줄 수 있는 책이다. 이들이 온전히 군대생활을 마치고 사회로 돌아오면 제 할 몫은 다 하는 건전하고 능력 있는 시민으로 살아갈 수 있게 해주는 책이다. 나는 그렇게 자부한다.

나는 이 책을 쓰면서 시종일관 내 아들을 염두에 두고 썼다. 이제 11살이다. 하지만 그 아이가 군 입대를 생각하며 고민할 날은 생각보다 금방 다가온다. 그때가 되었을 때 나는 이 책에 쓴 만큼도 기억하지 못할 것이다. 그래서 최대한 기억을 살려내려 했고, 그 기억 속에서 교훈을 찾아내려 애썼다. 한 글자 한 글자 쓰면서 온 정성을 다했다. 그런 만큼 입대를 앞둔 이 나라의 모든 젊은이들에게 조금이나마 도움이 되고, 마음의 부담을 덜어줄 수 있으면 좋겠다. 이 책을 통해 군대생활에 임하는 각오를 세우고, 도축장에 끌려가는 소가 아닌 전장에 나가는 용사의 심정으로 당당하게 입영열차에 올라탈 수 있기를 간절히 바라고 또 바란다.

여러분의 군대생활 멘토가 되기를 희망하며

권해영

한국국방안보포럼(KODEF)은 21세기 국방정론을 발전시키고 국가안보에 대한 미래 전략적 대안을 제시하기 위해 뜻있는 군·정치·언론·법조·경제·문화 마니아 집단이 만든 사단법인입니다. 온·오프라인을 통해 국방정책을 논의하고, 국방정책에 관한 조사·연구·자문·지원 활동을 하고 있으며, 국방 관련 단체 및 기관과 공조하여 국방 교육 자료를 개발하고 안보의식을 고양하는 사업을 하고 있습니다. http://www.kodef.net

KODEF 안보총서 73

군대생활
사용설명서

초판 1쇄 인쇄 2014년 8월 1일
초판 1쇄 발행 2014년 8월 8일

지은이 권해영
펴낸이 김세영

책임편집 이보라
편집 김예진
디자인 송지애
관리 배은경

펴낸곳 도서출판 플래닛미디어
주소 121-894 서울시 마포구 월드컵로 8길 40-9 3층
전화 02-3143-3366
팩스 02-3143-3360
블로그 http://blog.naver.com/planetmedia7
이메일 webmaster@planetmedia.co.kr
출판등록 2005년 9월 12일 제313-2005-000197호

ISBN 978-89-97094-57-8 03390